GRUNDWISSEN FÜR HOLZINGENIEURE

Band 3

GRUNDWISSEN FÜR HOLZINGENIEURE

Band 3

Herausgegeben von

Prof. Dr.-Ing. habil. Andreas Hänsel und
Dozent Dr.-Ing. Hans-Peter Linde
Berufsakademie Sachsen
Hans-Grundig-Str. 25
D-01307 Dresden

Jürgen Fröhlich

Fabrikplanung - Grundlagen, Ablauf, Methoden und Hilfsmittel

Lehrbuch für das Bachelorstudium an Berufsakademien und Dualen Hochschulen

Logos Verlag Berlin

Autor:

Doz. Dr.-Ing. habil. Jürgen Fröhlich

Bibliografische Information der Deutschen Nationalbibliothek

Die Deutsche Nationalbibliothek verzeichnet diese Publikation in der
Deutschen Nationalbibliografie; detaillierte bibliografische Daten sind
im Internet über http://dnb.d-nb.de abrufbar.

ISBN 978-3-8325-3340-3
ISSN 2193-939X

Logos Verlag Berlin GmbH
Comeniushof, Gubener Str. 47,
10243 Berlin

Tel.: +49 (0)30 / 42 85 10 90
Fax: +49 (0)30 / 42 85 10 92
http://www.logos-verlag.de

Inhaltsverzeichnis

4

0   Vorwort

In jedem Unternehmen gibt es einen ständigen, mehr oder weniger ausgeprägten Innovationsprozess. Neue, attraktive Erzeugnisse sind eine wichtige Komponente zur Behauptung auf dem Markt und der Produktionsprozess erfährt kontinuierlich technische und organisatorische Veränderungen, um hinsichtlich Qualität, Produktivität und Kosten Fortschritte zu erzielen.

Dies wird oft angestoßen durch die Einführung neuer Werkstoffe, Verfahren und Betriebsmittel, was im Werkstatts- bzw. Betriebsbereich mit Umstrukturierung, Rekonstruktion, Sanierung oder gar einer Neuplanung verbunden ist.

Darüberhinaus müssen die sich weiter entwickelnden Standards hinsichtlich des Arbeitsschutzes, der Arbeits- und Betriebssicherheit sowie des Umweltschutzes sowohl bei der Planung als auch beim Betreiben eingehalten werden.

In dem dazu notwendigen, immerwährenden Prozess der permanenten Anpassung ist die Fabrikplanung, als Teil der Produktionsvorbereitung, ein wichtiger Baustein. Dabei können ganze Betriebe, Haupt-, Hilfs- und Nebenbereiche, von der Möbelfabrik bis zur Tischlerei, im Focus fabrikplanerischer Aktivitäten stehen, wobei sich der Autor auf Grund der Komplexität des Themenfeldes und der Begrenztheit des Umfanges dieses Bandes auf einige Schwerpunkte konzentrieren muss.

Wenn also abschließend das Zusammenwirken zwischen dem Fabrikplaner und Spezialgewerken lediglich am Beispiel der Koppelstellen Fabrikplanung zur Standort- und Genehmigungsplanung sowie zur künstlichen Beleuchtung erörtert wird, ist dies der Konzentration auf einige Kernpunkte geschuldet.

Es sei vorangestellt, dass die Fabrikplanung mit ihren Methoden, Vorgehensweisen und Hilfsmitteln im Zusammenhang mit der

Stückgüterproduktion in hohem Maße Allgemeingültigkeit besitzt, also in vielen Branchen zur Anwendung kommt. Mit dem Fabrikplanungsprozess erfolgen wesentliche Weichenstellungen für eine rationelle Produktion.

Die holzbe- und –verarbeitende Industrie mit ihrem nachwachsenden, umweltfreundlichen Roh- und Werkstoff Holz steht vor großen technischen, organisatorischen, ökonomischen, sozialen und ökologischen Herausforderungen. Wie diese auf dem Gebiet der Fabrikplanung zu bewältigen sind, soll zumindest auf einigen Problemfeldern seine Antwort finden.

1 Einleitung

Die **Fabrikplanung** umfasst den Prozess der Umstrukturierung bzw. Rekonstruktion, Erweiterung und Neuplanung komplexer Produktionsstätten (Fabriken bzw. Gesamtbetrieb, Fertigungswerkstätten) mit deren Haupt-, Hilfs- und Nebenbereichen. Dabei sollen vor allem das menschzentrierte und technologiebezogene Vorausdenken, die Bestimmung der Funktion, das Dimensionieren, Strukturieren und Gestalten zu errichtender und zu verändernder Fabriken und deren Struktureinheiten im Vordergrund stehen.

Anliegen ist weiterhin die Darstellung der Gesetzmäßigkeiten, Regeln, Methoden und Prinzipien zur hauptsächlich koordinierenden Tätigkeit des Fabrikplaners mit den Koppelstellen zu anderen Fachgebieten (z.B. Fertigungstechnik, Arbeitsgestaltung, Betriebswirtschaft, Anlagentechnik, Architektur, Bauwesen, Fabrikökologie u.a.).

Die Bearbeitung eines Projektes, ob es sich um die Umgestaltung einer Tischlerei oder den Neubau einer Möbelfabrik handelt, setzt die Kenntnisse vielfältiger betriebswissenschaftlicher Sachverhalte voraus, wobei hier die grundlegenden Erkenntnisse zum Fabrikplanungsprozess eingebracht werden sollen.

Die Fabrikplanung als Wissensgebiet der Produktionsvorbereitung baut auf der „Technologischen Betriebsprojektierung" auf, die schon bei Rockstroh /ROC 1982/ als Teilgebiet der „Betriebsgestaltung" verstanden wurde.

Nach AGGTELEKY /AGG 1990/ ist *"Die Fabrikplanung ein vielseitiges, komplexes und weitläufiges Planungsgebiet, in dem die verschiedenen Teilaufgaben durch eine einheitliche Zielsetzung zu einem geschlossenen Ganzen zusammengefasst werden. Es besteht aus einem hierarchisch aufgebauten System von Ermittlungen, Untersuchungen und Entscheidungen, bei dem die Ergebnisse der Teiluntersuchungen weitgehend die Aufgabenstellung der nachfolgenden Teilarbeiten bestimmen, die benachbarten Gebiete sich gegenseitig beträchtlich beeinflussen können und eine genaue Koordinierung erfordern"*

Nach /VDI 5200/ ist *"Fabrikplanung der systematische, zielorientierte, in einander aufbauenden Phasen strukturierte und unter Zuhilfenahme von Methoden und Werkzeugen durchgeführte Prozess zur Planung einer Fabrik von der Zielfestlegung bis zum Hochlauf der Produktion".*

Bei Betrieben der Holzbe- und -verarbeitung geht es darum, aus Roh- und Werkstoffen sowie Halbfertigerzeugnissen Gebrauchsgüter (Zulieferungen, Erzeugnisse) oder spezifische Dienstleistungen anzubieten, wobei hier die diskrete Stückgüterproduktion betrachtet werden soll. In der holzbe- und verarbeitenden Industrie gibt es zwar eine Reihe von Verfahrensprozessen (siehe z.b. Furnierherstellung), sie ist aber doch maßgeblich durch die Stückgüterproduktion (Möbel-, Fenster-, Kisten- Spielzeugherstellung; Innenausbau/Ladenbau) geprägt.

Damit gibt es viele Analogien zur Fabrikplanung in der metallverarbeitenden Industrie (mvl), speziell dem Maschinenbau, wo hier auch entsprechende allgemeingültige Hilfsmittel und Methoden bzw. Planungsaufgaben, Rahmenbedingungen, Organisationsprinzipien sowie bewährte Vorgehensweisen zur Funktionsbestimmung, Dimensionierung, Strukturierung und Gestaltung herangezogen werden sollen.

Soweit durch spezifische Arbeits- und Prozessbedingungen bei Verwendung des Werkstoffes Holz und seiner Modifikationen besondere Anforderungen gestellt werden, sollen diese Besonderheiten Berücksichtigung finden.

Die Schnittleistungen sind im Vergleich zur mvl sehr hoch. Damit muss ein hohes Produktionsabfallaufkommen bewältigt werden.

Holzstaub, Schleifstaub und vielfältige Arbeitsstoffe verlangen aus Sicht des Arbeitsschutzes sowie des Brand- und Explosionsschutzes besondere Vorkehrungen.

Darüberhinaus ist mit Gefahrstoffen zu rechnen, die sowohl aus Sicht des Arbeitsschutzes als auch des Umweltschutzes besondere Maßnahmen erfordern (z.B. Getrenntlagerung, Abtrennung, Kapselung, Absaugung, Auffangräume).

Im Mittelpunkt der Fabrikplanung steht die Bearbeitung eines **Projektes** als *einmaliges, endliches, komplexes* Vorhaben zum Zweck der Realisierung einer bestimmten Zielstellung (siehe auch /DIN 69 901/) in Form einer verbalen, numerischen und grafischen Beschreibung der Beschaffenheit einer künftigen Produktionsanlage (Merkmale eines Projektes: Zielsetzung, Neuartigkeit, Komplexität, begrenzte Zeit und Ressourcen, projektspezifische Organisation, oft interdisziplinär, z.T. auch durch Wiederholungsgrad geprägt).

Die Qualität der Fabrikplanungsunterlagen bestimmt nicht zuletzt die Qualität des Produktionsprozesses und schließlich der hergestellten Erzeugnisse.

In vielschichtiger Betrachtung der Fabrikplanung sowie angrenzender Fachgebiete werden auch Entscheidungen zum wirtschaftlichen Einsatz von Betriebsmitteln (Aussonderung/Ersatz; Erneuerung, Generalreparatur, Erweiterung bzw. Verringerung), zur Optimierung des Produktionsprogramms (u.a. Clusterbildung); Marktanalysen, ökonomische Analysen bzw. Nutzeffektberechnungen tangiert bzw. vorausgesetzt, was hier im einzelnen nicht erörtert werden soll.

Auch die im Zusammenhang mit einer Projektbearbeitung notwendigen Kenntnisse zur technischen und organisatorischen Abwicklung im Rahmen des Projektmanagements[1] sollen hier nicht diskutiert werden, da dieses umfangreiche Fachgebiet Gegenstand spezieller Lehrmodule ist.

---

[1] Das Projektmanagement als eigenständiges Wissens- und Forschungsgebiet ist die „*Gesamtheit von Führungsaufgaben, -organisation, -techniken und –mitteln für die Initiierung, Definition, Planung, Steuerung und den Abschluss von Projekten*" /DIN 69901/

2   Fabrikplanung und Fabrikbetrieb
2.1   Gegenstand und Ziele

Der Betrachtungsraum des Fabrikplanungsprozesses kann grob nach dem „Objekt- und Methodenbereich" gegliedert werden /ROC 1982/.

Mit dem Objektbereich wird der Gegenstand der Fabrikplanung je nach Detaillierungsgrad bzw. Entscheidungsspielraum, angefangen vom einzelnen Arbeitsplatz bis hin zum Netzwerk, wie folgt bezeichnet:

- **Netzwerke (auch Unternehmensebene)**

  (Insbesondere Produktionsnetzwerke; Verbund von Standorten)

- **Werk (auch Fabrikebene)**

  (Fabrik am Standort, örtlich-räumlich geschlossener Produktionsbereich)

- **Gebäude**

  (architektonisch-räumlich geschlossener Produktionsbereich)

- **Segment**

  (Bereich, Abteilung, Arbeitsplatzgruppe)

- **Arbeitsplatz**

  (Handarbeitsplatz; Maschinenarbeitsplatz, Arbeitsplatz für Transport-, Umschlag- und Lagerprozesse)

Die Bezeichnung der Elemente des Objektbereiches der Fabrikplanung ist recht unterschiedlich. Seit langem sind **Betriebsmittel** definiert als:

„Anlagen, Geräte und Einrichtungen, die zur betrieblichen Leistungserstellung dienen" /VDI 2815/. Explizit genannt werden dabei:

- Fertigungseinrichtungen[2], Montageeinrichtungen (vergleiche aber auch /DIN 8580/, wo Fertigung sowohl als Teilefertigung als auch Montage verstanden wird)

- Mobiliar

---

[2] Holzbearbeitungsmaschinen und Werkzeugmaschinen haben hinsichtlich ihrer charakteristischen Merkmale viele Ähnlichkeiten, so dass die in der metallverarbeitenden Industrie unterschiedenen Funktionsflächen die gleichen sind; lediglich die Größenordnungen sind, vor allem durch Abmessungen bzw. Volumina der Werkstücke bedingt, verschieden.

- Ver- und Entsorgungseinrichtungen
- Logistikeinrichtungen
- Übergeordnete Systeme (z.B. Sicherheitseinrichtungen)
- Informations- / Kommunikationseinrichtungen
- Qualitätssicherungseinrichtungen

Sehr oft werden die genannten Fertigungseinrichtungen nach dem von ihnen realisierten Fertigungsverfahren benannt. Die Untergliederung der Fertigungsverfahren nach /DIN 8580/ ist zwar in der metallverarbeitenden Industrie entstanden, gilt aber ebenso für die holzbe- und verarbeitende Industrie[3].

Ausgehend vom Aspekt der Sicherheit vor allem überwachungsbedürftiger Anlagen definiert die Betriebssicherheitsverordnung:

- *„Arbeitsmittel im Sinne dieser Verordnung sind **Werkzeuge, Geräte, Maschinen oder Anlagen**. Anlagen im Sinne von Satz 1 setzen sich aus mehreren Funktionseinheiten zusammen, die zueinander in Wechselwirkung stehen und deren sicherer Betrieb wesentlich von diesen Wechselwirkungen bestimmt wird; hierzu gehören insbesondere überwachungsbedürftige Anlagen im Sinne des § 2 Nummer 30 des Produktsicherheitsgesetzes"* /BETR 2002/

Im Projektmanagement ist für den Objektbereich der Begriff „**Ressourcen**" mit einem umfangreicheren Betrachtungsraum eingeführt (Abb. 1).

---

[3] Siehe z.B. Säge-, Dreh-, Bohr-, Fräs-, Hobel- und Schleifmaschinen, Pressen, Lack-, Leimauftragsmaschinen usw. usf., die in unterschiedlicher Ausprägung als Universalmaschinen, Spezial- bzw. Sondermaschinen eingesetzt werden

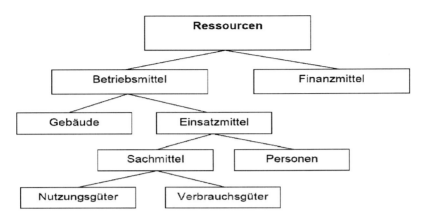

- Nutzungsgüter z.b. Maschinen, Anlagen, Büroausstattung usw.
- Verbrauchsgüter z.B. Material, Hilfsstoffe usw.

Abbildung 1 **Ressourcen**

Zu Beginn der Arbeit an einem Fabrikplanungsprojekt sollte man sich über die Zielstellungen im Klaren sein. Was macht die Bestlösung aus?

Die Formulierung der Anforderungen kann, vom Groben zum Feinen, von den in einem Zieldreieck (Abb. 2) genannten Schwerpunkten bis hin zu weiteren Detaillierungen geführt werden.

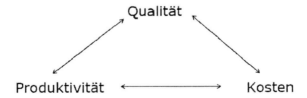

Abbildung 2 **Zieldreieck / Fabrikplanungsprojekt**

Im einzelnen könnten dass z.b. folgende Teilziele betreffen:

Beispiele für **Qualität:**

- Partizipation, "menschzentriertes Produktionskonzept"
- gute Kommunikationsbedingungen
- Umweltgerecht bzw.
- nachhaltige Gestaltungslösungen (generationengerecht, sozial, ökonomisch, ökologisch)
- Gestaltung leistungsfördernder Arbeitsbedingungen (Beleuchtung, Klima, Lärm), was mindestens die Einhaltung relevanter ergonomischer, arbeitsschutz-, brandschutz- und umweltbezogener Anforderungen bedingt

Beispiele für **Produktivität:**

- optimale Flussgestaltung (Materialfluss, Medienfluss, Abfallfluss, Personenfluss, Energiefluss und Informationsfluss)
- Gestaltung leistungsfördernder Arbeitsbedingungen (Beleuchtung, Klima, Lärm), was mindestens die Einhaltung relevanter ergonomischer, arbeitsschutz-, brandschutz- und umweltbezogener Anforderungen bedingt
- gute Flächen-, Raum- und Anlagennutzung

Beispiele **Kosten:**

- Einmaliger / laufender Aufwand (Investitionskosten / Betriebskosten)
- hohe Anpassungsfähigkeit, Flexibilität und Wandlungsfähigkeit (Erweiterungsmöglichkeiten und ggf. auch Rückbau u.v.a.)
- Gewährleistung der Funktionserhaltung der Betriebsanlagen (Wartung und Instandhaltung)
- gute Flächen-, Raum- und Anlagennutzung

Deutlich wird, dass bei relativ grober Formulierung der Schwerpunktsetzung durchaus inhaltliche Überlappungen auftreten können.

2.2 Rahmenbedingungen / Voraussetzungen für regelkonformes Handeln

Die oben genannten Zielstellungen der Fabrikplanung und des Fabrikbetriebes müssen unter bestimmten Rahmenbedingungen bzw. Voraussetzungen erfüllt werden, worunter die Beachtung mannigfaltiger Gesetze, Verordnungen, Normen, Richtlinien und Regeln verstanden werden soll. Wichtige Voraussetzung für eine ordnungsgemäße Planung ist Gesetzeskonformität.

Konkrete Festlegungen, z.b. zum Arbeitsschutz, zur Arbeitssicherheit, zum Gesundheits- und Umweltschutz:

- der Beschäftigten bei der Arbeit bzw. Einrichten und Betreiben von Arbeitsstätten sowie
- der Bereitstellung von Arbeitsmitteln und deren Nutzung (siehe Abb. 3)

betreffen in hohem Maße auch die Fabrikplanung.

Um bei einer fabrikplanerischen Lösung von vornherein Gefährdungen auszuschließen bzw. abzuwenden, müssen mögliche Gefährdungen zunächst erst einmal erkannt werden.

Seit längerem ist diese Grundidee mit dem bereits seit 1996 gültigen **Arbeitsschutzgesetz** /ARBS 1996/ für die betriebliche Praxis verbindlich fixiert.

Ausgehend von einer Beurteilung der Arbeitsbedingungen (Abb. 4) für Arbeitsplätze, Bereiche usw. (Gefährdungsbeurteilung) kommt man zu einer Festlegung spezifischer Maßnahmen. Inzwischen hat diese Vorgehensweise in vielen Arbeitsbereichen, wo Gefährdungen möglich sind, Einzug gehalten. Um dies weiter zu forcieren, sind entsprechende Festlegungen auch explizit in anderen Gesetzen, wie z.B. der Gefahrstoffverordnung, der Arbeitsstättenverordnung, eingeflossen.

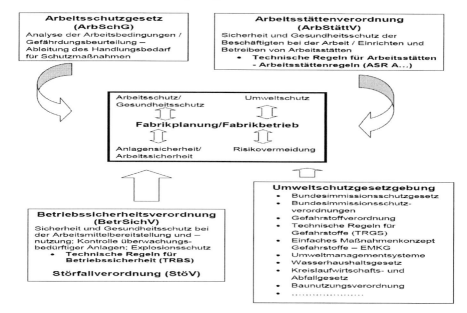

Abbildung 3   Rahmenbedingungen – Fabrikplanung / Fabrikbetrieb

Heute stehen für die unterschiedlichen Branchen, auch die Holzindustrie, zum beschriebenen Anliegen der Gefährdungsbeurteilung für viele Arbeits- und Tätigkeitsbereiche in Form von:

- Checklistenabfragen (Gefährdungsfaktoren)
- Hinweisen zum Handlungsbedarf
- Schutzmaßnahmen-Vorschlägen bzw. Lösungsvorschlägen

Hilfsmittel zur Verfügung (siehe auch in /LEITF 2012/ und /CHE 2012/).

Bei der Vielzahl zu beachtender Gesetze, Vorschriften, Richtlinien und Regeln vor allem zum Arbeitsschutz ist zu beachten, dass in Deutschland auch künftig ein **Duales Arbeitsschutzsystem** gelten wird (Tab. 1), wobei das sogenannte Kooperationsmodell ein verbessertes Zusammenwirken beider Seiten ermöglichen soll.

Unternehmensbereiche / Arbeitsbereiche / Arbeitsplätze

▼

Gefährdungsbeurteilung
(Gefährdungen nach Gefährdungsarten einschätzen – Checklisten,
Besichtigungen, Gespräche mit Mitarbeitern, Herstellerunterlagen usw.)

Ableitung der erforderlichen **Schutzmaßnahmen**
(Technische, organisatorische und personenbezogene
Schutzmaßnahmen – Checklisten, Schutzleitfäden)

Festlegung des **Handlungsbedarfs**
(Schutzmaßnahmen, Unterweisungen usw.)

Kenntnisnahme durch Sicherheitsfachkraft und Unternehmer /
Dokumentation

Abbildung 4   Gefährdungsbeurteilung nach Arbeitsschutzgesetz

In der betrieblichen Praxis kann gerade bei den umfangreichen Regelwerken eine Fülle praxisorientierter Hinweise gefunden werden.

Beispiele:

- Technische Regeln für Gefahrstoffe TRGS 553 „Holzstaub" (August 2008)

- Holz-Berufsgenossenschaft / Berufsgenossenschaftliche Information BGI 739-1 (07/2009) „Holzstaub – Gesundheitsschutz"

Tabelle 1   Duales Arbeitsschutzsystem in Deutschland

► Gesetzgeber, staatliche Arbeitsschutzinspektionen	► Unfallversicherer Berufsgenossenschaften (Rechtsfähige Körperschaften des öffentlichen Rechts)
• EU-Verordnungen und – Richtlinien Nationale: • Gesetze (Bund, Länder, Gemeinden) • Verordnungen • Technische Regeln • Richtlinien, Satzungen (Beachte auch Normen, VDI-Richtlinien usw. im Zusammenhang mit Hinweis zum „Neuesten Stand von Wissenschaft und Technik)	• Berufsgenossenschaftliches Vorschriften- und Regelwerk (BGVR mit BGV und BGR) für Sicherheit und Gesundheit bei der Arbeit) • UVV (Unfallverhütungsvorschriften, seit 2000 – Berufsgenossenschaftliche Vorschriften für Arbeitssicherheit und Gesundheitsschutz – BGV), TRBS

Ein besonderes Gewicht für die Fabrikplanungspraxis hat die Arbeitsstättenverordnung /ARB 2010/, die vor allem mit der Untersetzung durch Arbeitsstättenregeln zu vielfältigen Sachverhalten auch weit über den Produktionsbereich hinaus Orientierungen gibt (Tabelle 2).

Im Kapitel 7 „Layoutplanung" wird auf einzelne konkrete Gestaltungsanforderungen noch eingegangen.

In einer Reihe von Unternehmen werden sogenannte „überwachungsbedürftige Anlagen" eingesetzt.

Dies sind z.B. (siehe auch /BETR 2010/):

• Dampfkesselanlagen

• Druckbehälteranlagen außer Dampfkesseln

• Füllanlagen

• Rohrleitungen unter innerem Überdruck für entzündliche, leichtentzündliche, hochentzündliche, ätzende, giftige oder sehr giftige Gase, Dämpfe oder Flüssigkeiten

• Aufzugsanlagen (z.B. Geräte und Anlagen zur Regalbedienung, Fördereinrichtungen)

- Anlagen in explosionsgefährdeten Bereichen
- Lageranlagen
- Füllstellen / Entleerstellen
- Tankstellen und Flugfeldbetankungsanlagen

Tabelle 2   Gestaltungshinweise aus dem Arbeitsstättenrecht

Sachgebiete	Arbeitsstättenbereiche / Bedingungen
Arbeitsumweltgestaltung	<ul><li>Nennbeleuchtungsstärke</li><li>Raumtemperatur</li><li>Luftgeschwindigkeit</li><li>Luftfeuchte</li><li>Be- und Entlüftungsvorgaben usw.</li></ul>
Sanitär- und Sozialräume	Vorgaben zu:<ul><li>Wasch – und Umkleideräumen</li><li>Waschgelegenheiten</li><li>Toilettenräumen</li><li>Liegeräumen</li></ul>
Einrichtungen zum Arbeitsschutz, Gesundheitsschutz	Vorgaben zu:<ul><li>Pausenräumen</li><li>Medizinischen Einrichtungen (Erste Hilfe, Sanitätsräume)</li></ul>
Raumgeometrie	<ul><li>Mindestluftraum, Mindestflächen</li><li>ausreichende lichte Raumhöhe</li><li>Mindestabstände</li><li>Maximalentfernungen ins Freie bzw. differenzierte Länge und Breite von Rettungswegen in Verbindung mit Türöffnungen, Fenster/Sichtverbindungen</li></ul>

Hier ist nach der „Verordnung über Sicherheit und Gesundheitsschutz bei der Bereitstellung von Arbeitsmitteln und deren Benutzung bei der Arbeit, über Sicherheit beim Betrieb überwachungsbedürftiger Anlagen und über die Organisation des betrieblichen Arbeitsschutzes" (Betriebssicherheitsverordnung – BetrSichV) /BETR 2010/ ein straffes Regime zur regelmäßigen Überprüfung solcher Anlagen einzuhalten. Gegenwärtig sind nach der

Betriebssicherheitsverordnung auch grundlegende Kategorien zum Explosionsschutz definiert[4].

Mit „Technischen Regeln für Betriebssicherheit" (TRBS), die den Stand der Technik, der Arbeitsmedizin und Hygiene für die Bereitstellung und Benutzung von Arbeitsmitteln sowie den Betrieb überwachungsbedürftiger Anlagen widerspiegeln, werden der Praxis detaillierte Vorgaben in die Hand gegeben.

Die TRBS werden vom „Ausschuss für Betriebssicherheit" erstellt und aktualisiert.

Im Zusammenhang mit den in Abb. 3 genannten Rahmenbedingungen / **Umweltschutzgesetzgebung** soll vor allem auf Gefahrstoffe hingewiesen werden, weil hier auch im Sinne „vorsorglichen Umweltschutzes" ein großes Handlungsfeld zu sehen ist.

In vielen Unternehmensbereichen der Holzbe- und -verarbeitung ist der Umgang mit Gefahrstoffen nicht auszuschließen. Dies betrifft z.B.:

- Holzschutz (Tränken, Imprägnieren)
- Vergütungsverfahren (Holzvergütung zur Verbesserung der Holzeigenschaften, chemische Modifizierung)
- Holzwerkstoffe auf Spanbasis, Faserbasis
- Holz-Kunststoff-Komposite (holzbasierte Produkte mit breitem Anwendungsspektrum; Wood Plastic Composites, WPC)
- Applikationsverfahren (Lackauftragsverfahren)
- Kleben
- Gefahrstofflager

Demzufolge gilt es, spezifische Gefährdungen, wie z.B.

- inhalative Gefährdungen
- dermale Gefährdungen
- physikalisch-chemische Gefährdungen
- Betriebsstörungen, Unfälle

---

[4] Mit den Technischen Regeln für Gefahrstoffe der Reihe 700 und 800 zum Brand- und Explosionsschutz sowie der BGR 104 (Explosionsschutzregeln 2007) liegen für die Praxis konkrete Handlungsanleitungen vor

auszuschließen. Nach der aktuellen Gefahrstoffverordnung /GEF 2010/ wird, wie bereits allgemeingültig durch das Arbeitsschutzgesetz gefordert, nunmehr explizit eine Gefährdungsbeurteilung verlangt (siehe auch Abb. 5).

Gefahrstoff (Stoff, Stoffgemisch, Erzeugnis) ↔ **Tätigkeit**

Informationsermittlung / Gefährdungsbeurteilung
(Ermittlung und Bewertung relevanter Gefährdungen der Beschäftigten – Einfaches Maßnahmenkonzept Gefahrstoffe – EMKG)

Festlegung von Schutzmaßnahmen
(Einfaches Maßnahmenkonzept Gefahrstoffe – EMKG → Schutzleitfäden)

Wirksamkeitsprüfung / Dokumentation
(Überprüfung der Wirksamkeit von Schutzmaßnahmen)

Abbildung 5   Gefahrstoffe – Gefährdungsvermeidung

Wie können nun bei Verwendung möglichst einfach zugänglicher Eingangsdaten und unkomplizierter Bewertung konkrete Schutzmaßnahmen abgeleitet werden?

- Was muss bei der Lagerung beachtet werden?
- Sind Be- und Entlüftungsmaßnahmen notwendig?
- Müssen Anlagen eingekapselt werden?

Solche und ähnliche Fragen sind auch im Fabrikplanungsprozess von Interesse.

Für den Einsatz von Gefahrstoffen soll die Beantwortung dieser Fragen am Beispiel der Strategie des Control Banding, des „Denken in Bändern", erläutert werden.

Welchem Risiko (welchen Risikobändern) wird welche Maßnahmenstufe zugeordnet? Mit dem bereits genannten „Einfachen Maßnahmenkonzept Gefahrstoffe" (EMKG) hat die Bundesanstalt für Arbeitsschutz und

Arbeitsmedizin (BAUA) ein für die Praxis geeignetes Tool geschaffen, welches oben genannten Anforderungen bzw. Fragestellungen Rechnung trägt[5].

Beispiel:

- Taschenscheibe „EMKG kompakt beim Einatmen" und
- Taschenkarte „EMKG kompakt Haut"

Die notwendigen Eingangsdaten, wie:

- H-Sätze (Gefahrenhinweise, früher R-Sätze)
- Arbeitsplatzgrenzwerte (AGW) (früher MAK-Werte)
- Siedepunkt oder Dampfdruck (bei Flüssigkeiten)
- Staubungsverhalten und
- Größenordnung der gehandhabten Menge an Gefahrstoff pro Tätigkeit

können dem Sicherheitsdatenblatt[6] sowie aus der Analyse betrieblicher Bedingungen entnommen werden.

Zur Einordnung in Mengengruppen bzw. Freisetzungsgruppen (z.B. bei Feststoffen – niedrig, mittel, hoch) sowie auch zu den Freisetzungsgruppen bei Flüssigkeiten gibt es entsprechende Orientierungen.

Mit diesen Angaben erhält der Nutzer mittels Taschenscheibe bzw. Taschenkarte bei einfacher Handhabung letztlich Hinweise, welche Schutzleitfäden (und damit konkrete Handlungshinweise) im entsprechenden Problemfall anzuwenden sind.

Diese Schutzleitfäden entsprechend Maßnahmenstufung[7] werden weiter vernetzt mit standardisierten Arbeitsverfahren /WIL 2012/, wie z.B.:

- branchenspezifische Hilfestellungen
- stoff- und tätigkeitsspezifische Hilfestellungen
- tätigkeitsspezifische Technische Regeln

---

[5] Siehe auch: www.baua.de/de/Publikationen/.../Taschenscheibe-Taschenkarte.html (29.08.2012)
[6] Nach /BEK 220/ muss für jeden Gefahrstoff vom Hersteller bzw. Inverkehrbringer ein Sicherheitsdatenblatt erstellt bzw. zur Verfügung gestellt werden
[7] 1 geringer Maßnahmenbedarf
2 erweiterter Maßnahmenbedarf
3 Substitution bzw. geschlossenes System
Die Schutzleitfäden werden ebenso von der BAUA publiziert (siehe z.B. www.baua.de/emkg 29.08.2012)

- stoffspezifische Technische Regeln

- verfahrens- und stoffspezifische Kriterien (VSK)

In den nächsten Jahren ist eine Weiterentwicklung in Richtung einer Verbreiterung des EMKG vorgesehen, so wird z.b. 2014 ein Modul „Brand- und Explosionsschutzgefährdungen" fertiggestellt /WIL 2012/.

Die bisher in der Taschenscheibe und der Taschenkarte verwendeten „R-Sätze" werden entsprechend durch „H-Sätze" ersetzt[8].

Die Straffung und Konzentration von Regelwerken wird fortgesetzt. So ist z.b. die neue Technische Regel für Gefahrstoffe, die TRGS 510 „Lagerung von Gefahrstoffen in ortsbeweglichen Behältern", anzuführen, wo u.a. auch die Problematik „Separatlagerung / Zusammenlagerung" in Abhängigkeit von Lagerklassen[9], eine für die Fabrikplanung durchaus relevante Fragestellung, beantwortet wird.

Die Feststellung und Bewertung von Erschwernissen vor allem bei manuellen Tätigkeiten sind Voraussetzung zur Beantwortung der Frage, ob diese einer Arbeitskraft zugemutet werden können oder entsprechende Handhabungs-hilfen erforderlich sind.

Mit den von der BAUA entwickelten „Leitmerkmalmethoden (LLM)", gelingt es, für belastende Tätigkeiten wie Heben, Halten, Tragen, Schieben, Ziehen, Steigen, Klettern u.a. manuelle Arbeiten, auf Grundlage einer systematischen Gefährdungsabschätzung zu einer Risikoabschätzung[10] („von grün bis rot") zu kommen[11] - siehe auch Kapitel 7 „Layoutplanung".

In Abb. 3 sind zur Umweltschutzgesetzgebung noch weitere, ausgewählte Beispiele genannt. Auf einige wird im Rahmen des Kapitels 8.1.3 „Genehmigungsplanung" noch eingegangen.

---

[8] Die Gefahrenbeschreibung wird durch das „Globally Harmonised System of Classification and Labelling of Chemicals" (GHS) jetzt durch **Gefahrenklassen** (hazard classes) vorgenommen. Entsprechende Übergangsregelungen geben der Wirtschaft Zeit, sich auf das GHS einzustellen.
[9] Siehe auch bisheriges Konzept des Verbandes der Chemischen Industrie (VCI-Konzept)
[10] Die praxisorientierte Vorgabe von Wertebereichen („Denken in Bändern") führt zu einer Vereinfachung. Detailliertere Aussagen sind bei Einsatz digitaler Ergonomiewerkzeuge zu erwarten.
[11] www.baua.de/leitmerkmalmethoden

2.3 Planungsmethodik

Bevor die einzelnen Planungsschritte erläutert werden sollen, seien zunächst die **Planungsgrundfälle** sowie die wichtigsten **Fabrikplanungsgrundsätze** genannt.

Je nach der strategischen Zielsetzung des Unternehmens, geprägt durch Marktziele und Finanzziele (siehe auch unter „3.1 Wettbewerbsanforderungen / Unternehmensanalyse") und Abgleich mit den betrieblichen Gegebenheiten (Produktspektrum / Prozesse, Verfahren, Kernkompetenzen, Gesetzliche Rahmenbedingungen, Ökonomie, Ökologie, Soziales) muss darüber entschieden werden, welche Investitionsmaßnahmen, Entscheidungen zur Verlagerung, Umstellung bzw. welcher „Grundfall der Fabrikplanung" zum Einsatz kommen muss, um eine „optimale" Lösung zu erreichen.

Das Planungsvorgehen hängt maßgeblich davon ab, um welchen Fabrikplanungsgrundfall es sich handelt, und zwar:

➢ Neubau bzw. Neuplanung

Hier bestehen die geringsten Bindungen an vorhandene Gegebenheiten, das bedeutet relative Ungebundenheit bzw. größere Freizügigkeit bei der Planung des Vorhabens. Es sind also im Wesentlichen die Standortgegebenheiten, die vorhandene Infrastruktur, zu berücksichtigen und weniger die betrieblichen Gegebenheiten, wie bei den anderen Grundfällen.

➢ Erweiterung

Die Erweiterung bestehender Fabriken oder Werkstätten schließt die Nutzung bereits vorhandener Betriebsmittel bzw. Ressourcen ein.

➢ Rückbau

Bedingt durch Verringerung notwendiger Produktionskapazitäten kommt es zur Reduzierung von Ressourcen bis hin zum baulichen Abriss.

➢ Umstrukturierung, Rekonstruktion, Umnutzung

Dieser Grundfall mit unterschiedlicher Bezeichnung ist auf unterschiedliche Betrachtungsebenen des Unternehmens gerichtet und führt mit dem Ziel der Rationalisierung zu entsprechenden Veränderungen in der Fabrik und deren Teilen.

Generelle Vorgehensweisen und aus der langjährigen Fabrikplanungspraxis geschöpfte verallgemeinerungsfähige Erfahrungen bzw. Leitgedanken begleiten die Fabrikplanung schon seit längerem als sogenannte „Grundsätze der Fabrikplanung" /ROC 1982/, auf die im Folgenden eingegangen werden soll:

- **Variantengrundsatz**

Eingedenk der Komplexität des Planungsobjektes und vielfältiger, z.T. konkurrierender Zielstellungen, ist die Erstellung und Bewertung mehrerer Lösungen bzw. Alternativen unerlässlich, um so aus einer Vielzahl von Varianten auswählen zu können. Eine Fülle von Einflussfaktoren bestimmen das Gesamtprojekt, viele **Teiloptimierungszielstellungen** (siehe oben) müssen einer Gesamtoptimierung zugeführt werden.

Es muss also die Variante gefunden werden, die der optimalen Lösung entspricht oder ihr zumindest sehr nahe kommt. Diese notwendige Variantenbetrachtung ist in der Regel Bestandteil jedes Entscheidungsprozesses. Am Beispiel der Layoutgestaltung soll diese grundsätzliche Vorgehensweise beschrieben werden:

Problemanalyse / Problembeschreibung / Zielformulierung

(z.B. Neugestaltung einer Tischlerei / Layouterarbeitung

unter Berücksichtigung spezifischer Zielvorgaben)

Erfassung der relevanten Einflussgrößen zur Layoutgestaltung

(z.B. Flächennutzung, Flussgestaltung, Transport-, Umschlag- und

Lagerlösungen, raumbestimmende Brandschutzanforderungen,

Arbeitsumweltbedingungen u.v.a.)

Generierung von Layoutvarianten

Bewertung der Layoutvarianten

Auswahl der günstigsten Layoutvariante

Das Optimum ergibt sich nicht immer als Summe der Teiloptima! Die Gesamt-lösung muss im Zusammenhang mit den vielfältigen Abhängigkeiten zwischen den Teillösungen im Auge behalten werden.

- **Stufengrundsatz**

Je größer der Arbeitsaufwand ist, um so mehr sollte über ein stufenweises Vorgehen nachgedacht werden, wobei in jeder Stufe nur der wirklich notwendige Aufwand (nur so genau als notwendig für den jeweiligen Entscheidungsschritt) betrieben werden sollte. Diese Stufenarbeitsweise „vom Groben zum Feinen" bzw. die sequentielle Folge von Arbeitsschritten zeichnet gerade die Vorgehensweise bei der Fabrikplanung aus, um so Überschaubarkeit und eine Aufwandsminimierung zu erreichen. Je mehr man sich dem Endergebnis eines Projektes nähert, umso detaillierter und genauer sind die zu betrachtenden Sachverhalte.

Um beispielsweise im Rahmen einer Neuplanung zu einer Entscheidung über die grundsätzlich zu wählende Layoutvariante zu gelangen, reicht es, ausgehend von Blocklayoutvarianten (siehe dazu auch später in Kapitel 7 „Layoutplanung") mit den wichtigsten, layout-bestimmenden Entscheidungsgrößen die Bestlösung auszuwählen, um darauf bezogen die aufwändige Feinplanung mit allen Details vorzunehmen.

- **Grundsatz der Komplexität** (bei /Rockstroh 1982/ auch als Gemeinschaftsgrundsatz bezeichnet)

Jedes Projekt ist geprägt durch eine mehr oder weniger große Anzahl von Einflussfaktoren bzw. Sachverhalten und demzufolge den zu lösenden Teilaufgaben, die auch von spezifischen Fachkräften bearbeitet werden müssen.

Damit ist Teamarbeit gefordert (siehe auch in /FRÖ PM/ zur Rolle des Projektteams), um verschiedene Partner zur Erfüllung des gemeinsamen Anliegens zusammenzuführen. Die Fabrikplanung als komplexes, stark vernetztes und arbeitsteiliges Planungsgebiet muss eine enge Zusammenarbeit mit allen für die spezifische Aufgabe relevanten Fachdisziplinen (Fertigungstechnik, Arbeitsgestaltung, Wirtschaftswissen-schaften, Bauprojektierung, Heizungs-, Lüftungs-, Klimaprojektierung, Elektroprojektierung usw.) organisieren. Nur mit entsprechendem „Anschlusswissen" zu diesen Fachgebieten ist eine koordinierte, ganzheitliche Arbeit möglich (synergetische Fabrikplanung; Verzahnung der Fachdisziplinen).

In engem Zusammenhang mit dem oben genannten Grundsatz steht der:

- **Ordnungs- und Vereinheitlichungsgrundsatz**

mit dem auf die Schaffung und Anwendung einer möglichst einheitlichen „Fachsprache" (Symbole, Zeichen usw.), entsprechender „Ordnungssysteme" bzw. „Ordnungsprinzipien" (Normung, Standardisierung, Modularisierung, Raster) usw. orientiert wird. Damit soll die interdisziplinäre Zusammenarbeit beteiligter Partner (Fachgewerke) erleichtert werden.

- **Grundsatz der Projekttreue**

Entsprechend den Parametern des Ausführungsprojektes ist unbedingt eine projektgetreue Umsetzung zu sichern. Sollten nachträgliche Projektänderungen unumgänglich sein, ist dies nur bei gewissenhafter Beachtung aller Gesamtzusammenhänge und verantwortungsvoller Einschätzung der Auswirkungen akzeptabel.

- **Grundsatz der Flexibilität bzw. Wandlungsfähigkeit[12]**

Begründet durch die ständige Produkt- und Prozessinnovation und andererseits unterschiedliche Nutzungsdauer des Bauwerkes, der technologischen Ausrüstungen und der jeweiligen technischen Lösung (z.B. Layout für einen bestimmten Prozess) ist eine hohe Flexibilität des

---

[12] Siehe dazu auch unter Kapitel 3.2 „Konzeptionen zum Aufbau von Unternehmen"

Planungsergebnisses zu fordern. Demnach sind so wenig wie möglich bauliche, anlagentechnische und strukturelle Festpunkte[13] vorzusehen. Darunter werden im Allgemeinen bei der Fabrikplanung solche baulichen Anlagen, Ausrüstungen usw. verstanden, bei deren Standortverlagerung hohe Kosten entstehen (z.b. stationäre Transport- und Umschlaganlagen, Hochregallager, Trafostationen, Betriebsmittel mit großen Fundamenten).

Deshalb ist immer zu überlegen, ob die Schaffung solcher Festpunkte zwingend notwendig ist und bei Veränderung ist eine Abwägung des Kosten-/Nutzenverhältnisses vorzunehmen. Im Sinne langfristiger Nutzung ist gegebenenfalls an eine Überdimensionierung (Fläche, Raum, Nutzlasten, Ver- und Entsorgungskapazitäten usw.) unter Abwägung entstehender Mehrkosten bei Neuplanung bzw. späterer Veränderung zu denken.

Andere Autoren (z.B. /GRU 2009/) stellen zu den Grundsätzen weitere Aspekte heraus:

- Vom Idealen zum Realen
- Variieren und Optimieren
- Visualisierung
- Wirtschaftlichkeit der Planung
- Funktionsintegration (Fabrikplanung/ -betrieb)

Die Festlegung der Folge von Planungsschritten einschließlich der Koordinierung zahlreicher Teilaufgaben kann nach oben genanntem Stufengrundsatz „vom Groben zum Feinen" erfolgen. Es gibt zwei grundsätzliche Wege des Herangehens bei der Fabrikplanung:

---

[13] Nicht zu verwechseln mit den als Festpunkten bezeichneten Objekten F_k mit festliegendem Standort im Zusammenhang mit der Objekt-Platz-Zuordnung (siehe Kapitel 6.3), wo nur die Betrachtung der Flussbeziehungen diesen Begriff kennzeichnet

o Analytische Vorgehensweise

Planung „von Außen nach Innen", d.h. beginnend beim Ganzen und endend beim Detail (auch top down, von oben nach unten, genannt)

o synthetische Vorgehensweise

Planung „von Innen nach Außen", d.h. vom kleinsten Element (Arbeitsplatz) über Synthese der Elemente zum nächstgrößeren (auch bottom up, von unten nach oben)

Beide Vorgehensweisen sind bei der Fabrikplanung üblich und treten z.T. wechselweise auf. Soll. z.b. im Rahmen einer Umstrukturierung geprüft werden, welche Maschinen und Anlagen in vorhandenen Gebäuden unterzubringen sind, bedingt das ein analytisches Vorgehen. Ähnliches gilt z.b. für Probleme der Standortbestimmung, wo nach vorliegenden Standortgegebenheiten und Abgleich mit den Standortanforderungen eine Entscheidung erarbeitet wird.

Synthetische Planung ist durch detaillierte produktionstechnische Anforderungen und die Umsetzung mit breitem Lösungsspielraum gekennzeichnet, wie es zum z.b. im Fall einer Neuplanung zutrifft.

Beide Vorgehensweisen haben Bedeutung und Berechtigung, die synthetische Vorgehensweise kommt dem „Idealprojekt" am nächsten.

In jedem Fall werden ausgehend vom Produktions- und Leistungsprogramm die Flächen dimensioniert, benötigte Maschinen und Arbeitsplätze festgelegt, die Struktur bestimmt und schließlich die Gestaltungslösung konzipiert.

Auf die Hauptaktivitäten der Fabrikplanung gerichtet können grob die Planungsphasen:

Zielplanung

(grob)

|

Systemplanung

(mittel)

|

Ausführungsplanung

(fein)

unterschieden werden. Bei Orientierung auf die Haupttätigkeiten sind die wichtigsten Planungsschritte, wie schon in /ROC 1982/ vorgeschlagen, die:

Funktionsbestimmung

(Produktions- bzw. Leistungsprogramm; Produktstruktur, Mengengerüst, Technologie – welche Verfahren, Arbeitspläne, Betriebsmittel)

Dimensionierung

(Quantifizierung: Flächen / Raum, Betriebsmittel, Arbeitskräfte usw.)

Strukturierung

(Beziehungen zwischen den Elementen und nach außen, d.h. Prozessstruktur, räumlicher Entwurf, Logistikkonzept usw.)

Gestaltung

(Erarbeitung des Layouts unter Berücksichtigung relevanter Gestaltungsaspekte, z.B. Arbeitsplätze / Betriebsmittel, Feinlayout, Gebäude- und Haustechnik)

Diese nacheinander folgenden Planungsschritte müssen nicht in jedem Falle in dieser Reihenfolge bereits bei **einem** Durchlauf zum Ziele führen, sondern es können durchaus bei entsprechendem Erkenntnisgewinn in der jeweiligen Stufe Rückläufe, entsprechende Veränderungen bzw. Korrekturen bei Funktionsbestimmung, Dimensionierung, Strukturierung bzw. Gestaltung notwendig sein, um dann erneut im Ablauf fortzufahren. Dies und die zeitliche Überlappung werden auch bei den Planungsstufen nach /KET 1994/ deutlich (Abb. 6).

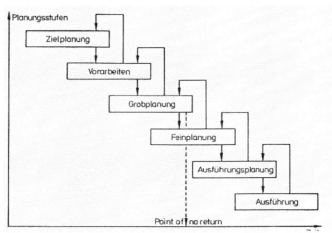

Abbildung 6   Zeitliche Überlappung von Planungsstufen /KET 1994/

Die **Zielplanung** beinhaltet ausgehend von der Ausgangssituation des Unternehmens im Wesentlichen mittel- und langfristige Zielsetzungen, mögliche Alternativen und Entscheidungen bis hin zur Formulierung der Aufgabenstellung (wer, wann, mit welchem Aufwand). Die **Vorarbeiten** sind gerichtet auf die Darstellung des Ist-Zustandes (Produktions- bzw. Leistungsprogramm einschließlich Typenvertreterauswahl / ABC-Analyse, Verfahren, Anlagen usw.), eine Marktanalyse, die Bedarfsplanung und die Konkretisierung der Aufgabenstellung. Es schließt sich die **Grobplanung** von der Idealplanung (Produktions-/Arbeitsablauf, Organisationsform, Zonen-/Achsenbildung, Beziehungsoptimierung, ideales Funktionsschema) zur Realplanung (Flächenbedarf, flächenmaßstäbliches Funktionsschema, Restriktionen – Grundstück, Gebäude- sowie Reallayout – Varianten, Bewertung und Entscheidung) an. Auf dieser Grundlage soll eine abschließende Entscheidung über die Fortführung des Projektes („point of no return") gegeben sein. Mit der **Feinplanung** wird nach /KET 1994/ eine

32

detaillierte Untersetzung der Produktionsbereiche, der Energieversorgung, der Entsorgung, Transport und Lagerung, der Arbeitsplätze einschließlich Arbeitsbedingungen, der Verwaltung, Sozialbereiche, Hilfs- und Nebenbetriebe und Außenanlagen vorgenommen. Bisherige Planungsergebnisse sind zu überprüfen, zu ergänzen und zu präzisieren.

Die Ausführungsplanung und Ausführung (Projektrealisierung) sind Schwerpunkte des Projektmanagements, die hier nicht behandelt werden sollen.

Mit /VDI 5200/ wird eine weitere Detaillierung in 8 Planungsphasen vorgenommen. Diese Planungsphasen sind in genannter Quelle im Einzelnen ausführlich beschrieben und werden auch in ihrer Beziehung zur Honorarordnung für Architekten und Ingenieure (HOAI) /HOAI 2009/ und zum Projektmanagement dargestellt.

1. Zielfestlegung
2. Grundlagenermittlung
3. Konzeptplanung
4. Detailplanung
5. Realisierungsvorbereitung
6. Realisierungsüberwachung
7. Hochlaufbetreuung
8. Projektabschluss

3 Fabrikkonzepte im Anforderungsspektrum relevanter Entwicklungsrichtungen
3.1 Wettbewerbsanforderungen / Unternehmensanalyse

Jedes Unternehmen muss sich auf dem Markt behaupten. Dieser ist durch eine Vielzahl von Anforderungen und Veränderungsnotwendigkeiten geprägt, so z.B.:

- Einführung neuer Werkstoffe, Erzeugnisse und Verfahren
- höhere Anforderungen an die Einsparung von Ressourcen und Energie
- verstärkter Einsatz von Sekundärrohstoffen sowie erneuerbarer Stoffe
- kürzere Innovations- bzw. Produktlebenszyklen, damit mehr Produktneuanläufe (Anlaufmanagement)
- sich weiter verkürzende Lieferzeiten
- zunehmende Vernetzung von Unternehmen (Aspekte - Make or buy)
- verstärkte Reaktionsfähigkeit / Anpassungsfähigkeit / Wandlungsfähigkeit und Entwicklungsfähigkeit
- Erschließung weiterer Wertschöpfungspotentiale / neue Geschäftsfelder (Systemlieferant; Serviceerweiterung; Ferndiagnose, Fernwartung / Remote-Betrieb)
- höhere Qualitätsansprüche
- marktfähige Preise (zunehmender Preisdruck)
- weitere Differenzierung der Produkte durch Individualisierung der Kundenwünsche (damit kleinere Stückzahlen bei insgesamt höherer Anzahl von Produkten und Varianten) und Gegensteuerung durch Komplexitätsmanagement (z.B. Plattformkonzept, Modulkonzept)

Zur Betriebsanalyse und –bewertung sind morphologische Schemata zur komplexen Beschreibung der Merkmalsausprägung eines Unternehmens hilfreich. Beispiele für Merkmale eines Betriebes sowie ihre Ausprägung sind in Abb. 7 und 8 dargestellt. Je nach Merkmalsausprägung existieren nach dieser Einteilung unterschiedliche Betriebstypen. Hier mischen sich von den zu erfüllenden Aufgaben her z.T. festgelegte bzw. vorgegebene Merkmale (z.B. Erzeugnisspektrum, Erzeugnisstruktur) mit solchen, über die je nach Problem- bzw. Aufgabenstellung und je nach angestrebten Zielstellungen noch entschieden werden kann. Die Begründung bzw. objektive Festlegung letztgenannter Merkmale (z.B. Beschaffungsart, Fertigungsablaufart) für ein bestimmtes Aufgabenfeld stellt ein wichtiges Anliegen der Fabrikplanung in Verbindung mit den zu Beginn genannten Fachdisziplinen, mit denen eine Zusammenarbeit unerlässlich ist, dar.

Erzeugnis-aufbau	einteilige Erzeugnisse		mehrteilige Erzeugnisse /einfacher Aufbau		mehrteilige Erzeugnisse / komplexer Aufbau	
Erzeugnis-variantenanzahl	sehr niedrig	niedrig	mittel	hoch		sehr hoch
Material-beschaffenheit	kleinteilig	groß-volumig	schwer	empfindlich	Gefahrstoff	
Beschaffungsart (Teilefertigung)	Fremdbezug Gering (Eigenfertigung dominiert)		Fremdbezug In größerem Umfang	Weitgehend Fremdbezug (Eigenfertigung nur noch in geringem Maße)		
Erzeugnis-spektrum	Erzeugnisse nach Kundenspezifikation		typisierte Erzeugnisse mit Kundenwunsch-anpassung	Standard-erzeugnisse In Varianten	Standarderzeug-nisse ohne Varianten	
......						

Abbildung 7   Produktbezogene Merkmalsausprägung

Fertigungsart	Einzelfertigung	Einzel- und Kleinserienfertigung	Serienfertigung	Massen-fertigung
Produktions-struktur (Strukturtyp) Teilefertigung	Punktstruktur (Inselfertigung)	Werkstattstruktur	Neststruktur	Reihen-struktur
Produktions-struktur (Strukturtyp) Montage	Einzelplatz-montage (Baustellen-montage)	Gruppen-Montage (Nestmontage)	Reihen-montage	Fließ-montage
Beschaffung/ Bevorratung	weitgehend eigene Bevorratung In Lager	KANBAB-Lager	Just in time - Strategie	Just in sequence - Strategie
....				

Abbildung 8   **Prozessbezogene Merkmalsausprägung**

3.2   Konzeptionen zum Aufbau von Unternehmen

Die genannten, aktuellen Wettbewerbsanforderungen bzw. neuen Entwicklungsrichtungen führen auch zur Fragestellung, wie sich Unternehmen am besten darauf einstellen können und so haben sich eine Reihe konzeptioneller Vorschläge in der Praxis durchgesetzt.

Mit dem Erfahrungshintergrund der metallverarbeitenden Industrie, insbesondere der Automobilbranche, sollen hier einige allgemeingültige Lösungen zum Aufbau und zur Gestaltung von Unternehmen vorgestellt werden, die auch in der Holztechnik Bedeutung haben (Abb. 9).

Entwicklungsrichtungen „Unternehmen der Zukunft"

• **Modularisierung / Partizipation / Menschzentrierung**

► Segmentierte / Fraktale Fabrik:
  ▷ von der Funktionsorientierung zur Produktorientierung
  ▷ menschzentrierte, selbst optimierende Fabrikstrukturen
  ▷ Hierarchieabbau
  ▷ Kommunikations-Spine (Kommunikationslandschaft / Denkräume / Innovationszentren

---

● **Wandlungsfähigkeit / Nutzungsneutralität / Vernetzung**

▶ Kundenwunschangepasstes, wandlungsfähiges Unternehmen:
- ▷ virtuelle Fabrik / Kompetenzzelle
  (Koordinierung von Kompetenzen, weg von zentralstrukturierten
  Unternehmen)
- ▷ Kostenreduzierungen durch verändertes Investor-Nutzer-Verhältnis
  (Facility Management)

● **Nachhaltigkeit**

▶ Umweltfreundliche, nachhaltige Fabrik:
- ▷ Nachhaltigkeitsgetriebenes Unternehmen (Umweltmanagement,
  Energiemanagement, Arbeitsschutzmanagement usw.)
- ▷ Nullemissionsfabrik
- ▷ Recyclingfabrik
- ▷ lebensdauerangepasste Fabrik

● **Erweiterung des Leistungsumfanges**

▶ Serviceorientierte Fabrik:
- ▷ Remote-Fabrik
- ▷ Produkt- und Dienstleistungsangebote

● **„Digitale Fabrik" / Integrierte Informationsprozesse**

▶ Rechnerintegrierte, digitale Fabrik:
- ▷ digitale Bearbeitung von Produkten, Ressourcen und Prozessen
- ▷ CAE/CAD[14]-Integration
- ▷ Visualisierung (VR- und AR-Technologie[15]) / Simulation
- ▷ Künstliche Intelligenz (KI)

● **Logistikgerechte Gestaltung**

- ▷ Make-or-by-Strategie
- ▷ Supply Chain Management (SCM)
- ▷ Just in time, Just in sequence, KANBAN

Abbildung 9   Entwicklungsrichtungen „Unternehmen der Zukunft"

Am Anfang einer Neuplanung steht immer die Überlegung nach einem sinnfälligen Fabrikaufbau. Schon seit längerem werden Konzepte des „segmentierten Industriebetriebes" (Abb. 10 und 11) bzw. von Weiterent-

---

[14] CAE - Computer Aided Engineering; CAD - Computer Aided Design
[15] Virtual Reality (VR), Argumented Reality (AR)

wicklungen der „Fraktalen Fabrik", der „Modularen Fabrik" bis hin zur „Kompetenzzelle" in der Praxis umgesetzt.

Segmentierung des Betriebes heißt, dass von der Aufreihung von Funktionseinheiten ("Werkstätten") zu eigenständigen, auf das Produkt bezogene Produktionsstätten ("Fabriken in der Fabrik") übergegangen wird. Diese produktorientierte Segmentierung des Betriebes unterstützt "menschzentrierte" Lösungen vom Ansatz her bereits mit dem veränderten Konzept zum Werkslayout.

Grundgedanken und Zielstellungen der Segmentierung bestehen in:

- der Reduzierung der Komplexität der Abläufe
- dem Abbau von Hierarchiestufen und damit Verringerung der Anzahl der Schnittstellen sowie der Senkung des Aufwandes für Kommunikation (Verbesserung der Kommunikation zwischen den Bereichen)
- dem Erkennen bereichsübergreifender Zusammenhänge
- der Förderung des Verantwortungsbewusstseins und bessere Freisetzung der Produktivkräfte des Menschen (Nutzung des Kreativitätspotentials, Beförderung des Kontinuierlichen Verbesserungsprozesses – KVP)

Weiterentwickelt und ausgebaut wurde dieser Ansatz mit dem Konzept der Fraktalen Fabrik /WAR 1992/. Die Bildung von Fraktalen heißt, dass sich selbst regelnde organisatorische Arbeitsgruppen bzw. Fertigungsbereiche geschaffen werden. Dies soll eine "Selbstoptimierung" in kleinen, schnellen Regelkreisen ermöglichen.

Die Betonung liegt auf einer direkten Kommunikation auf der horizontalen Leitungsebene anstelle von Weisungen und Informationen über vertikale Hierarchieebenen. Warnecke /WAR 1992/ will also nicht nur unberechenbares Systemverhalten bekämpfen, sondern besser damit umgehen.

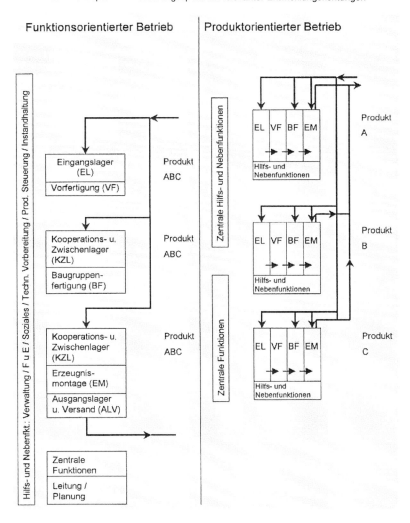

Abbildung 10   Aufbau von Industriebetrieben (unter Verwendung von /KAR 1989/)

So entsteht durch den Übergang von gestaffelten Organisationsstrukturen mit vielen Ebenen zu flachen Hierarchien /KÜH 1993/ ein besseres

Zusammenspiel von Organisation, Information und Leistungserstellung; aus der "Pyramide" wird ein "Haus" (Abb. 11).

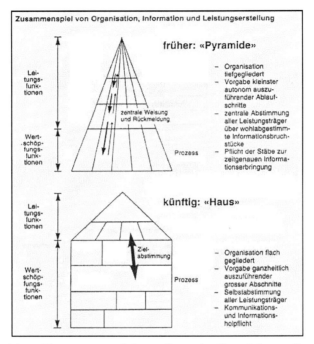

Abbildung 11   **Zusammenspiel von Organisation, Information und Leistungserstellung /KÜH 1993/**

Wesentliche Prinzipien der Fraktalen Fabrik sind nach /WAR 1992/:

- Selbstorganisation

- Selbstähnliche Zielrichtungen

- Transparenz von Abläufen und Zustandsgrößen

- Motivation als zentraler Gestaltungsgrundsatz

- Kooperation statt Konfrontation

- Verinnerlichung von Zielen

- Qualitätsbewusstsein als Selbstverständnis

- keine Wettbewerbsgrenze an der Unternehmensgrenze

Moderne Planungskonzepte müssen das Zusammenspiel von individuellen Interessen, Umweltverträglichkeit und Sozialverträglichkeit verbinden.

Der unmittelbaren persönlichen Kommunikation wird verstärkt Bedeutung zugemessen.

Henn /HEN 1999/ stellt das Prinzip „form follows flows" als Entwurfsprinzip künftiger Prozessarchitektur heraus. Dieses Prinzip soll Kommunikations- und Wertschöpfungsprozesse ebenso wie solche im sozialen Bereich und zur Qualitätssicherung und -optimierung umfassen. Vordergründig wird die „lebendige Organisation" auch des Gebäudes, die Förderung der Kommunikation im Dienst der Selbstorganisation gesehen.

In Abweichung zu den üblichen Flussbezeichnungen unterscheidet Henn neben dem „physischen" Materialfluss den so genannten „geistigen" Materialfluss, d.h. des Wissens- und Entscheidungsstroms in einer Organisation.

Wenn Innovation vornehmlich durch Kommunikation gefördert wird, so ist die Schlussfolgerung nahe liegend, dem Entwurf von Räumen die richtige Kommunikationslandschaft zugrunde zu legen.

„Höherrangige Organisation kommt nur mit verbesserter Kommunikation zurecht".

Und an anderer Stelle: "Wenn alle Bereiche einer Organisation in Kommunikations-Landschaften vernetzt sind, entstehen aus herkömmlichen bürokratisch tätigen Strukturen lebendige Unternehmen: Verwaltungen, Forschungseinrichtungen oder auch Hochschulen. Das führt zu Gebäudestrukturen, die eben nicht mehr nur aus spezialisierten Zonen für Planen oder Fertigen oder Vermarkten bestehen, sondern auch aus Zwischen-Räumen, Denkräumen" /HEN 1999/.

Im Zusammenhang mit der Bedeutungszunahme der Kommunikation wird auch vom Übergang des Logistik-Spines zum Kommunikations-Spine gesprochen. (siehe u.a. /SOM 1990/ und „Quantensprung Mitarbeiter-Spine" – Abb. 12). Die zentrale Kernfertigung kann in zwei Linien geteilt werden. In ihrer

Mitte wird ein Zwischenraum für einen "Mitarbeiter-Spine" geschaffen. *„Wo früher LKW´s fuhren, können jetzt Büros angesiedelt werden".* Ein Wissenszentrum entsteht in der Mitte der Fabrik und bewirkt Kommunikation unter den Mitarbeitern. Dieser zentrale Marktplatz wird zur „Qualitätspassage", in der mehr Innovation durch verstärkten Dialog, Erfahrungs- und Ideenaustausch ermöglicht wird.

"Die Lebendige Fabrik wird zum Lebendigen Unternehmen, wenn sich optimierte Dialogformen nicht auf den Bereich der Produktion und Entwicklung beschränken, sondern wenn Teile des Unternehmens durch geeignete Kommunikations-Pattern vernetzt werden. Das lebendige Unternehmen besteht dann nicht mehr aus Entwicklung, Verwaltung, Produktion und Lager in getrennten Funktionsgebäuden, sondern wird transformiert in ein Innovationszentrum. Die einzelnen Bereiche werden fraktal zueinander geordnet und durch Kommunikations-Pattern insgesamt prozesshaft vernetzt. Wenn in der Qualitätsstraße der Lebendigen Fabrik auch der Entwickler oder der Produktionsplaner seinen Arbeitsplatz hat, entsteht das Lebendige Unternehmen, das selbst organisierend ständig innoviert." /HEN 1999/.

Ein Beispiel für ein Fraktal-, Modul- und Spinekonzept ist das Skoda Montagewerk Mlada Boleslav (Abb. 13), was sich im Einzelnen durch folgenden Aufbau auszeichnet /HEN 2012/:

- Spinekonzept (Kommunikationsspine) als Rückgrat (Nervenstrang) der Fraktalen Fabrik (Vollmodularisiert)

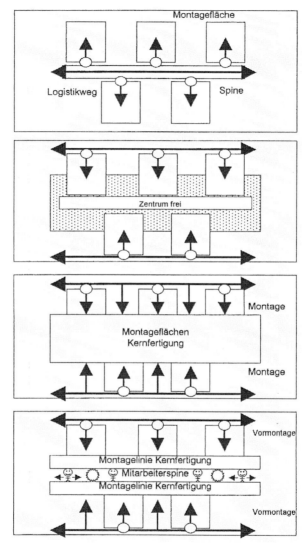

Abbildung 12   Menschzentrierte Fabrik (nach /SOM 1990/)

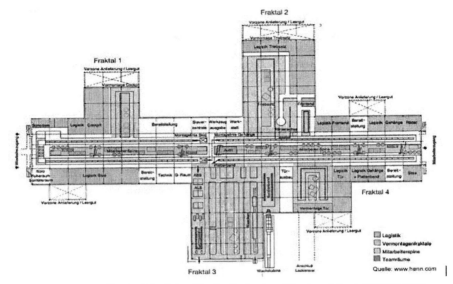

Abbildung 13 **Skoda Werk in Mlada Boleslav (Tschechien) /HEN 2012/**

- Zentrales Kommunikationsband (Teamcenter, Qualitätszentrum im Zentrum der Produktion)
- Zentral verlaufende Hauptmontagelinie als Kernfertigung, daran einzelne Produktionsbereiche angelagert
- Eingeschlossen in diesen zentralen Bereich sind:
  Teamräume, Bürozone mit Kundenraum / Schulungs- und Besprechungsräume / Sozialräume / Arbeitsplätze für Werkleitung und Ingenieure (Engineering im "Hauptspine")
- Kein separates Bürogebäude
- Über den Spine auch gesamte Medienver- und -entsorgung sowie der Informationsfluss gewährleistet
- Durch das Spinekonzept werden Interdisziplinarität, Teamarbeit gefördert, d.h. eine:
  - enge, motivationsfördernde Kommunikation
  - Verknüpfung von Fertigung und Büroarbeit

- Leitung, Planung, Steuerung und Kunde inmitten der
Produktion

Wesentliches Anliegen muss bereits bei der Fabrikplanung die Schaffung **wandlungsfähiger Fabriken** bzw. deren Teilsysteme sein. Die Einflüsse, die den Wandlungsprozess von Fabriken und deren Elementen bewirken, bezeichnet man als **Wandlungstreiber**.

In /WIE 2005/ werden diese in **externe Wandlungstreiber** (Arbeitsschutz-, Umweltschutz-, Kundenanforderungen, Mitarbeiterverfügbarkeit) und **interne Wandlungstreiber** (Gestaltungsbereiche, Betriebsmittel, Organisation sowie Raum und Gebäudetechnik und deren Elemente) unterteilt.

„Ein Wandlungsbefähiger stellt dabei eine individuelle Eigenschaft eines Fabrikmoduls und/oder Fabrikelements zum Wandel dar" und bringt im Einzelnen folgendes zum Ausdruck /HER 2003/:

- **Universalität** - Eigenschaft von Fabrikmodulen und/oder Fabrikelementen, für verschiedene Aufgaben, Anforderungen und Funktionen hinsichtlich Organisation, Produkt und Technologie verwendbar zu sein

- **Modularität** - Bedeutendster Wandlungsbefähiger. Module sind möglichst standardisierte, funktionsfähige und vorprüfbare Einheiten bzw. *„autonom agierende Einheiten oder Elemente, die eine hohe und aufwandsarme Austauschbarkeit und Kompatibilität untereinander gewährleisten"* /HER 2003/

- **Kompatibilität** - Vernetzungsfähigkeit (Integrationsfähigkeit) von Fabrikmodulen und/oder Fabrikelementen bezüglich Material, Medien und Energie (z.B. Software- oder Energieversorgungsschnittstellen)

- **Mobilität** - Möglichkeit der Ortsveränderung von Fabrikmodulen bzw. Fabrikelementen (örtliche Bewegbarkeit)

- **Skalierbarkeit** - technische, räumliche, organisatorische und personelle „Atmungsfähigkeit" (Erweiterung- und Reduzierbarkeit – z.B. flexible Arbeitszeitmodelle, vorgesehene Erweiterungsflächen). Im Grunde wird diese Systemeigenschaft durch Universalität und Modularität erfasst.

Je nach Einordnung in die Hierarchie eines Betriebes, angefangen vom Einzelarbeitsplatz, über Gruppenarbeitsplätze, Abschnitte bzw. Bereiche bis hin zum Gesamtbetrieb unterschiedlicher Ausbaustufen und schließlich dem Verbund im Netzwerk sind die spezifischen Wandlungsbefähiger sehr vielgestaltig.

Wichtig ist eine sinnvolle Abwägung der **erforderlichen Wandlungsfähigkeit.** Während ein ausgeprägt modular aufgebauter Betrieb hohe Investitionskosten, aber auch einen hohen Grad an Wandlungsfähigkeit mit sich bringt, bedeutet eine Fabrik nach dem Modell des „Maßanzuges" zunächst geringere einmalige Investitionsaufwendungen, aber bei notwendigen Anpassungen höhere Folgekosten.

In /WIE 2005/ wird aufgezeigt, wie ein Minimum der Summe aus Investitions- und Folgekosten sichergestellt werden kann.

Dazu werden verschiedene Fabrikelemente aus den Bereichen Betriebsmittel, Organisation sowie Raum und Gebäudetechnik, die Fabrikstrukturebenen sowie die Befähiger zum Wandel untersucht und ein Vorschlag zur wirtschaftlichen Begründung der Mehrinvestition in Wandlungsfähigkeit vorgestellt. Dies beginnt mit einer Wandlungsbedarfsanalyse und mündet in einem Wandlungsmonitor (WAMO).

Nachhaltige[16] Unternehmen zeichnen sich durch gezielte Anstrengungen zur Umsetzung generationengerechten, ökologischen, ökonomischen und sozialen Handels aus, was u.a. durch entsprechende Managementsysteme unterstützt wird. Am bekanntesten sind Umweltmanagementsysteme nach EMAS III /EMAS/ oder ISO 14001 /ISO 14001/, aber auch Arbeitsschutz- und Arbeitssicherheitsmanagementsysteme /FRÖ PM/.

---

[16] nachhaltige Entwicklung (sustainable development), beschreibt den in der Forstwirtschaft geborenen Gedanken, auch künftigen Generationen entsprechende Holzerträge zu sichern, heute übertragen auf die komplexe Zukunftssicherung auf allen Gebieten aus ökologischer, ökonomischer und sozialer Sicht

Die Einführung zertifizierter Energiemanagementsysteme nach DIN EN ISO 50001 /ISO 50001/ soll den Weg zu mehr Energieeffizienz befördern. Mit dem „Deutschen Gütesiegel für Nachhaltiges Bauen" (DGNB) bzw. weltweit der Zertifizierung des „Green Building" wird die Schaffung umweltfreundlicher bzw. nachhaltiger Gebäude forciert.

Als ein Beispiel der Verwirklichung des Nachhaltigkeitsgedankens mit Sicht auf die CO_2-Reduzierung soll hier die „Nullemissionsfabrik" (siehe auch Pilotlösungen - Solarfabrik Freiburg; Solvis GmbH Braunschweig) beschrieben werden (Abb. 14).

Die Zielstellung der Nullemissionsfabrik besteht darin, durch entsprechenden Einsatz erneuerbarer Energie und energieeffizienter Lösungen in der Gesamtbilanz des Energiehaushaltes einer Fabrik auf einen CO_2-Ausstoß von „0" zu kommen.

Die **Erweiterung des Leistungsumfanges** eines Unternehmens geht von der Überlegung aus, dass im Sinne der Kundenbindung über die Produktherstellung hinaus eine Reihe weiterer Dienstleistungen (Ferndiagnose, Wartung, Instandhaltung, Reparatur, Aufarbeitung) angeboten werden.

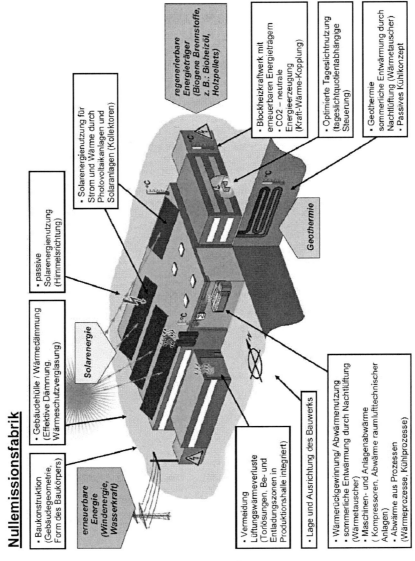

Nullemissionsfabrik

- **Baukonstruktion** (Gebäudegeometrie, Form des Baukörpers)

erneuerbare Energie (Windenergie, Wasserkraft)

- **Gebäudehülle / Wärmedämmung** (Effektive Dämmung, Wärmeschutzverglasung)

- **passive** Solarenergienutzung (Himmelsrichtung)

Solarenergie

- Solarenergienutzung für Strom und Wärme durch Photovoltaikanlagen und Solaranlagen (Kollektoren)

regenerierbare Energieträger (Biogene Brennstoffe, z. B.: Bioheizöl, Holzpellets)

- Blockheizkraftwerk mit erneuerbaren Energieträgern
- CO_2 – neutrale Energieerzeugung (Kraft-Wärme-Kopplung)

- Optimierte Tageslichtnutzung (tageslichtquotientabhängige Steuerung)

- **Geothermie** sommerliche Entwärmung durch Nachtlüftung (Wärmetauscher)
- Passives Kühlkonzept

Geothermie

- Vermeidung Lüftungswärmeverluste (Torlösungen, Be- und Entladungszonen in Produktionshalle integriert)

- Lage und Ausrichtung des Bauwerks

- Wärmerückgewinnung/ Abwärmenutzung
- sommerliche Entwärmung durch Nachtlüftung (Wärmetauscher)
- Maschinen- und Anlagenabwärme (Kompressoren, Abwärme raumlufttechnischer Anlagen)
- Abwärme aus Prozessen (Wärmeprozesse, Kühlprozesse)

Abbildung 14   Nullemissionsfabrik /FRÖ FP/

Hier hat sich mit dem „Facility Management" ein eigenständiges Wissensgebiet entwickelt, auf das hier nicht näher eingegangen werden kann.

Im Methodenbereich der Fabrikplanung erfährt vor allem die rechnerunterstützte, auf die verbesserte Informations- und Kommunikationstechnik aufbauende Arbeitsweise eine schnelle Entwicklung. Repräsentativ dafür steht die **Digitale Fabrik**[17].

Der Einsatz von Hilfsmitteln der Informationstechnik (IT) in den Unternehmen ist unterschiedlich ausgeprägt.

Im Zusammenhang mit der Planung und dem Betreiben von Werkstätten, komplexen Produktionssystemen bzw. ganzer Betriebe ist das Konzept der „Digitalen Fabrik" inzwischen auch für kleine und mittlere Unternehmen (KMU) gegenwärtig ein willkommenes Instrumentarium zu höherer Planungseffizienz und –sicherheit, besserer Beherrschung der Planungskomplexität und nicht zuletzt besserer Reaktionsfähigkeit auf veränderte Produktionsbedingungen geworden (siehe auch Abb. 15).

Die Kernanliegen dieser Strategie sind auf folgende Schwerpunkte gerichtet:

- umfassendes, aktuelles und durchgängiges Datenmanagement für Produkte, Produktionsprogramme, Prozesse und Ressourcen
- bessere Visualisierung unterschiedlichster Sachverhalte über die Benutzerschnittstelle der Virtuellen Realität (VR), d.h. wirklichkeitsgetreue, computergestützte Nachbildung relevanter Betrachtungsbereiche) und AR (Augmented Reality - Ergänzung menschlicher Wahrnehmung mit virtuellen Informationen bzw. computergestützte Erweiterung der Realitätswahrnehmung)

---

[17] *„Die Digitale Fabrik ist der Oberbegriff für ein umfassendes Netzwerk von digitalen Modellen, Methoden und Werkzeugen - u.a. der Simulation und 3D/VR-Visualisierung -, die durch ein durchgängiges Datenmanagement integriert werden. Ihr Ziel ist die ganzheitlichem Planung, Evaluierung und laufende Verbesserung aller wesentlichen Prozesse und Ressourcen der Fabrik in Verbindung mit dem Produkt."/BRA 2004/*

- Das VR-Modell dient nicht nur der Darstellung von Planungsergebnissen, sondern unterstützt auch aktive Eingriffe (Veränderungen am virtuellen Objekt)
- stärkere Einbindung der Simulationstechnik als Prognose- und Optimierungsinstrument

Die Simulation hat wegen der Vielfalt von Berührungspunkten zur Fabrikplanung ein besonderes Gewicht, so z.B. bei:

- der Logistik-/Materialflussplanung
- der Strukturplanung
- der Produktionsprogrammplanung
- im Zusammenhang mit der Visualisierung von Fertigungsabläufen
- der Optimierung von Steuerstrategien
- der Roboterbewegungssimulation; Kollisionstests
- der Arbeitsgestaltung

Die vielfältigen Schnittstellen des Konzeptes der Digitalen Fabrik mit der Fabrikplanung und dem Fabrikbetrieb werden auch deutlich, wenn man sich das umfangreiche Aufgabenspektrum vor Augen hält, so z.B.:

- ➢ Layoutplanung
- ➢ Produktionsstrukturierung
- ➢ Fertigungssystem-/Arbeitsplatz-/Ergonomiegestaltung
- ➢ Kollisionsuntersuchungen
- ➢ Ablaufsimulation

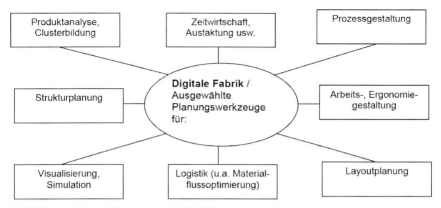

Abbildung 15   Digitale Fabrik / Planungswerkzeuge

Anschaulichkeit, klare und logische bildhafte Darstellungen (so z.b. 2D- und 3D-Modelle, technologische Schemata u.v.a.m.) dienten schon immer der Unterstützung des Fabrikplanungsprozesses und erfahren nunmehr mit der oben erwähnten VR-Technik einen wesentlichen Qualitätssprung. Umfangreiche Objektkataloge unterstützen vor allem die Layoutplanung.

Darstellungsraum und Darstellungsart der VR-Modelle sind in verschiedenen Anwendungsformen verfügbar, so:

- als Darstellung auf dem Computerbildschirm (Desktop VR)
- als Wandprojektion bzw. Großbildleinwände (siehe z.b. beim Planungstisch VisTABLE[18], der die Erstellung, Visualisierung und Optimierung von Layouts unterstützt)
- bei Verwendung von Datenhelmen (Head-Mounted Display HMD)
- in VR-Räumen (Cave Automatic Virtual Environment - CAVE)

Ergänzt werden kann das VR-Modell durch Zusatzinformationen, so z.b. Reparatur- und Wartungshinweisen, Spezifikationen von Betriebsmitteln, Planungshinweisen usw. usf. (computergestützte Erweiterung von VR – Argumented Reality AR).

---

[18] www.vistable.de

Die VR-Technik gibt auch für die partizipative Fabrikplanung eine bessere Unterstützung.

Nach /VDI 4499/ stehen bei der Digitalen Fabrik folgende Zielgrößen im Vordergrund:

> *Wirtschaftlichkeit; Kosten- und Zeitverbesserungen*
> (Parallelisierung der einzelnen Planungstätigkeiten, verbesserte interdisziplinäre Zusammenarbeit, Verwendung redundanzfreier, aktueller und richtiger Daten)

> *Qualität:*
> Verbesserte Planungsqualität durch entsprechende Werkzeuge

> *Kommunikation:*
> Einheitliche, durchgängige und auch verfügbare Planungsdaten, durch die Überwindung räumlicher Grenzen sowie durch vollständige, aktuelle und verständliche Planungssachverhalte ermöglicht.

> *Standardisierung*
> Best-Practice-Lösungen zu eingesetzten Modellen und/oder Modellbausteinen sowie zu Projektergebnissen zur Wiederverwendung

> *Wissenserwerb und -erhalt:*
> Wiederverwendung von Planungswissen

Die Wechselwirkungen zwischen **Logistik** und Fabrikplanung sind vielgestaltig.

Nach /DIN 69906/ werden mit dem Begriff Logistik Aktivitäten zum Herstellen, Sichern und Verbessern der Verfügbarkeit von Personen und Mitteln verstanden.

Die Unternehmenslogistik kann in die:

- Beschaffungslogistik
- Produktionslogistik
- Distributionslogistik und
- Entsorgungslogistik

unterschieden werden, wobei der Gedanke an die unausweichliche Entsorgung bereits in allen Phasen vorausschauend beachtet werden sollte.

Die logistikgerechte Gestaltung stellt ein primäres Entwurfskriterium einer Fabrik dar. Fabrikplanung und speziell die konzeptionelle Entwurfsphase ist heute stärker denn je unter Berücksichtigung moderner Konzepte und Strategien zu realisieren. Schwerpunkte sind:

- Minimierter logistischer Aufwand (Transportleistungsminimierung, flussorientierte Anordnung – dazu später)
- Systematische modulorientierte / segmentierte Strukturierung der Produktion entsprechend Produktentstehungsprozess und Produktspektrum
- Minimierung Produktionsstufen und Lagerbereiche
- Einfache, selbst steuernde Organisationsformen (PULL)

Bei der Fabrikplanung müssen alle Kriterien / Konzepte der „Lean Produktion" sowie des „Supply Chain Management" (SCM) beachtet werden, so z.B.:

- Make or By-Strategien
- Die Dimensionierung, Strukturierung und Gestaltung des Transport-, Umschlag- und Lagersystems – differenzierte Lageranbindung; Tür-, Tor- und Weggestaltung / Strategien:
  - KANBAN (Lagerintegration)
  - Just in sequence /Just in time (Lagervermeidung)
  - Lagerfertigung (Make or stock)
  - Bedarfsorientierte Fertigung (Make to order)

4 Funktionsbestimmung
4.1 Zielstellung / Ist-Zustand

Zu Beginn einer Fabrikplanungsaufgabe bzw. eines Projektes muss Klarheit über die Zielstellungen gewonnen werden. Dies setzt die Kenntnis der Ist-Situation, des Ist-Zustandes, voraus.

Hier sei daran erinnert, dass sowohl für die Einschätzung des Ist-Zustandes als auch die Auswahl von Lösungsvarianten eine Reihe von Analyse- und Bewertungsverfahren (siehe auch in /FRÖ PM/) zur Verfügung stehen, so z.b.:

- die Break-Even-Analyse
- die Portfolio-Analyse
- das ABC-Analyse- und Bewertungsverfahren
- die Nutzwertanalyse bzw. die gewichtete Punktbewertung

Um Entscheidungen zu fällen, die auch in der Zukunft Bestand haben, kann weiter das Instrumentarium der Trend-Analyse verwendet werden, um z.B. Marktentwicklungen, Wettbewerbsbedingungen usw. besser einschätzen zu können /SCHU 2012/.

Der Fabrikplaner erhält durch die Arbeitsvorbereitung[19] wesentliche Eingangsdaten für die Funktionsbestimmung, Dimensionierung und Strukturierung, so zum Aufbau des Produktes (Konstruktionszeichnungen, Stücklisten, Vorgabezeiten für Teilefertigung und Montage, zu Technologieketten (Fertigungspläne: Arbeitspläne, Produktdurchläufe, Montagevorranggraf, Betriebsmittelpläne) und Gruppierungskonzepten (Typenvertreter).

Die Festlegung des Produktionskonzeptes bzw. die strategische Produktionsprogrammplanung soll im Rahmen dieses Kapitels hier nur kurz abgehandelt werden.

---

[19] Nach Definition des Ausschusses für wirtschaftliche Fertigung (AWF) beinhaltet die **Arbeitsvorbereitung** die **Arbeitsplanung** (was, wie und womit hergestellt) und die **Arbeitssteuerung** (wieviel, wann, wo und womit hergestellt) /SCH 2012/

Für die noch zu erläuternde Strukturierung sind die in den Fertigungsunterlagen (Produktdurchläufe) enthaltenen Informationen ausschlaggebend für eine flussorientierte Anordnung.

Nicht behandelt werden sollen hier die in enger Beziehung zur Fabrikplanung stehenden Themenschwerpunkte (siehe dazu auch in /SCHU 2012/) wie:

➢ Abtaktung von verketteten Anlagen
➢ Kapazitätsharmonisierung von Produktionssystemen
➢ kapazitive Auslegung von Betriebsmitteln
➢ Abgleich zwischen Bearbeitungsprofil und Maschinenprofil
➢ Bewertungsverfahren für die Maschinenauswahl
➢ Clusterbildung[20]

4.2 Die „5 – W – Fragen"

Zur Problembehandlung sollen die bereits von Rockstroh /ROC 1982/ erwähnten „5 W – Fragen" herangezogen werden, und zwar:

• **Was** soll produziert werden?
• **Wer** soll planen?
• **Wie** wird produziert?
• **Wo** soll produziert werden?
• **Wann** soll produziert werden?

Dazu im Einzelnen noch einige Bemerkungen.

Was soll produziert werden?

Im Kernpunkt dieser Frage stehen Aussagen zum Produktions- und Leistungsprogramm (Komplexität, Qualität, Quantität – Mengengerüst, Herstellungscharakteristik, Zeit).

---

[20] Siehe auch Clusteranalyse zur Feststellung von Ähnlichkeiten zur Erreichung von Synergieeffekten

Wichtig ist hier die Strategie des Unternehmens bezüglich der Fertigungstiefe (auch als Produktionstiefe bzw. Leistungstiefe bezeichnet), also des Umfanges der Eigenfertigung eines Unternehmens.

Welche Bearbeitungsoperationen werden im Unternehmen selbst ausgeführt (Original Equipment Manufacturer – OEM) und was überlässt man Zulieferern (siehe auch später in Kapitel 6.2 Räumliche Strukturierung / Strukturvorentscheidung; Analogien zum Geschlossenheitsgrad).

Diese Zulieferer selbst können hierarchisch gestuft gegliedert sein (Tier / Zulieferer n-ter Stufe). Ausgehend vom Wertschöpfungsprozess in der Produktion bzw. den Wertschöpfungsumfängen wird die Globalisierung bei Standortentwicklungen und der Einbindung in Netzwerkkonzepte auch in kleinen und mittleren Unternehmen (KMU) eine größere Rolle spielen.

Diese Problemstellung wird in Theorie und Praxis diskutiert im Zusammenhang mit Entscheidungen zu „Make or By" oder „Outsourcing" (outside resource using) – der Verlagerung von Wertschöpfungsaktivitäten auf Zulieferer, was gleichzeitig Standortfragen berührt.

Die Zuliefererstruktur ist nicht „in Stein gemeißelt". Wertschöpfungs- und Beschaffungsstrategie werden sich im Rahmen fortschreitender Globalisierung weiterentwickeln.

Bei Zukaufteilen werden nach wie vor Lieferer in der Nähe (Einsparung Lager- und Kapitalkosten, kurze Transportwege zum Original Equipment Manufacturer – OEM) von Vorteil sein. Verschiebungen sind mit der Zunahme der Leistungsfähigkeit von Zulieferern in Niedriglohnländern zu erwarten, wobei standardisierbare Systeme und Module den „Schutz der Kernkompetenz" aufbrechen können.

Fremdbezug ist aber auch mit Beschaffungsrisiken verbunden.

Inwieweit können Leistungen gleicher Art gebündelt werden, um so die Produktionskosten weiter zu reduzieren? (Economies of Scale).

Größere Kundennähe bzw. bessere Markterschließung, reibungsloser Vertrieb und Kundendienst, die Nutzung günstiger Standortfaktoren (z.B. niedrige

Lohnkosten) und die Erfüllung von „Local Content" - Anforderungen[21] fordern Unternehmen, über Aufbau und Betrieb an global verteilten Standorten nachzudenken.

Nach dem Beispiel großer, bereits jetzt weltweit agierender Unternehmen werden zunehmend auch kleine und mittlere Unternehmen sich in solche globalen Netzwerke einbinden.

Wer soll planen?

Je nach Umfang, Kompliziertheit und Komplexität werden die Entscheidungen zur Projektbearbeitung und -realisierung recht unterschiedlich sein und reichen von eigenständiger Bearbeitung bis hin zur Überlassung an einen Generalauftragnehmer. Darüber wird im Rahmen des Projektmanagement entschieden (siehe z.B. in /FRÖ PM/).

Wie wird produziert?

Der Fabrikplaner setzt hier auf dem technologischen Stand des Unternehmens auf und wird in Abstimmung mit der Geschäftsleitung den entsprechenden Ressourceneinsatz in den Planungsprozess einbringen. Klarheit sollte auch zur oben genannten Strategie „Eigen- oder Fremdfertigung" bestehen.

Wo soll produziert werden?

Die vor allem bei Neuplanung frühzeitig zu stellende Frage nach dem günstigsten Standort wird im Kapitel 8.1 gesondert behandelt.

Wann soll produziert werden?

Die Termin- bzw. Ablaufplanung im Zusammenhang mit der Kosten- und Kapazitätsplanung ist Aufgabe des Projektmanagements und wird hier nicht behandelt (siehe z.B. in /FRÖ PM/).

4.3 Produktionsprogramm / Typenvertreter

An dieser Stelle soll näher auf das Produktionsprogramm (bzw. Erzeugnisprogramm) eingegangen werden, welches in unterschiedlicher Form

---

[21] Local Content – siehe entsprechende Vorschriften im Zusammenhang mit dem Wertschöpfungsanteil der Produkterstellung im betrachteten Land

auftreten kann und für die Fabrikplanung von besonderem Gewicht ist. Es kann unterschieden werden nach:

- **Indifferentes** (pauschales) Erzeugnisprogramm

Es gibt nur grobe Vorstellungen zum künftigen Erzeugnisprogramm in Mengen- oder Wertangaben (z.b. in t/a; Mio €/a). Auch bei einem indifferenten (pauschalen bzw. globalen) Erzeugnisprogramm gibt es Möglichkeiten, um in frühen Phasen der Fabrikplanung zumindest Einschätzungen geben zu können (Kennzahlen, Richtwerte).

- **Detailliertes** (genaues) Erzeugnisprogramm

Bei diesem Erzeugnisprogramm liegen genaue Angaben vor, so z.b. die

    ▷   Erzeugnisbeschreibung /-gliederung, Fertigungsunterlagen

    ▷   Stückzahlentwicklung (Umsatzentwicklung, Mengengerüst)

Entsprechend präzise können nachfolgende Dimensionierungsrechnungen durchgeführt werden.

- **Aggregiertes** (eingeengtes) Erzeugnisprogramm (Gruppenbildung bzw. Typenvertreter)

Liegt eine große Erzeugnisvielfalt vor, dann führt ein aggregiertes Erzeugnisprogramm, d.h. die Bildung von Typenvertretern, zu Vereinfachungen künftiger Dimensionierungsrechnungen.

Ein *Typenvertreter* wird als Erzeugnis, das konstruktive und technisch-technologische Merkmale anderer Erzeugnisse in sich vereinigt, definiert.

Dieses Erzeugnis kann real existieren (Typenvertreter, real) oder wird angenommen (Typenvertreter, fiktiv). Auswahlaspekte sind:

- hoher Anteil am Produktionsvolumen / repräsentativ für Fertigungsprozess
- Berücksichtigung relevanter Fertigungsverfahren
- Berücksichtigung des Entwicklungstrends

Entsprechende Umrechnungen von Typenvertretern (real, fiktiv) auf die reale Erzeugnisgesamtheit erfolgen je nach Sachverhalt (Abb. 16 und 17).

Erzeugnisart i	Normzeit t_N in min	Umrechnungsfaktor $f_{ui} = t_{Ni}/t_{N,TV}$ z.B.	Stückzahl, real z_i	Stückzahl, bezogen $z_i * f_{ui}$
A :	300	1.5	2000	3000
B :	100	0.5	1000	500
C = TV :	200	1	1000	1000
eigene Daten eintragen, dann TV-Berechnung	200		4000	4500

Musterbeispiel

Daten löschen

Typenvertreterstückzahl

$$z_{TV} = \sum_i^n z_i * f_{ui}$$

Abbildung 16   Typenvertreter-Stückzahlberechnung / Beispiel /FRJE 2009/

Erzeugnisart i	Stückzahl z_i in Stück	Masse je Stück m_i in kg	Masse, bezogen und gesamt $n_i = z_i * m_i$
A :	10	6	60
B :	20	3	60
C :	15	4	60
Summe:	45		130

Musterbeispiel

Daten löschen

Materialmasse des TV in kg:

$$m_{TV} = \sum_i^n n_i / \sum_i^n z_i = \quad 4$$

Abbildung 17   Typenvertreter-Mengenberechnung / Beispiel /FRJE 2009/

Die Identifizierung dominierender Erzeugnisse kann durch die ABC-Analyse unterstützt werden (Abb. 18).

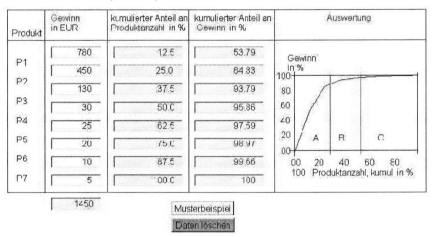

Produkt	Gewinn in EUR	kumulierter Anteil an Produktanzahl in %	kumulierter Anteil an Gewinn in %	Auswertung
P1	780	12.5	53.79	
P2	450	25.0	84.83	
P3	130	37.5	93.79	
P4	30	50.0	95.86	
P5	25	62.5	97.59	
P6	20	75.0	98.97	
P7	10	87.5	99.66	
	5	100.0	100	
	1450			

Musterbeispiel
Daten löschen

Abbildung 18   ABC-Analyse /FRJE 2009/

Betrachtete Erzeugnisse, Teile werden nach bestimmten Kriterien geordnet.

(Anzahl, Wert, Flächeninanspruchnahme, Volumen, Kosten ...) und es wird eine Einteilung der Erzeugnisse in drei Klassen wie folgt festgelegt:

Klasse A   hohe Bedeutung

z.b. relativ geringe Anzahl von Elementen mit hohem Anteil am Gesamtergebnis

z.B. 5 ... 10% der Lagerpositionen stellen 50 ... 70% des gesamten Lagerbestandes dar

Klasse B   normale/durchschnittliche Bedeutung

Gruppe trägt etwa proportional zum betrachteten Ergebnis bei, z.B. 20 ... 40 % stellen 20 ... 40% des Lagerbestandes

Klasse C geringe Bedeutung

relativ große Zahl hat geringe Bedeutung auf Gesamtergebnis;

z.b. 50 ... 75% nur 5 ... 10% Wertanteil

Die ABC-Analyse gibt deutliche Hinweise auf die Bereiche, denen bei der Planung und bei laufendem Betrieb besondere Aufmerksamkeit zu widmen ist. Die Produktionsbeschreibung (Fertigungsprozess, Produktionsstrategien) geht maßgeblich von Ergebnissen bzw. Unterlagen der Fertigungsplanung aus, auf die der Fabrikplaner zurückgreift, so z.b.:

▷ Fertigungszielgrößen (Leistungsparameter)

▷ Arbeitsplanung / Fertigungspläne

▷ Stücklisten, Arbeitsplanstammkarten

▷ Fertigungsart (Einzel-, Kleinseien-, Großserien-, Massenfertigung)

▷ Fertigungsprinzipien (siehe auch Strukturtypen Kapitel 6)

▷ Montageschema

Ins Auge gefasste Produktionsstrategien (z.B. Lagerfertigung oder bedarfsorientierte Fertigung; Just in time / just in sequence; KANBAN, Outsorcing, Facility Management usw.) sind rechtzeitig hinsichtlich fabrikplanerischer Konsequenzen zu berücksichtigen.

5 Dimensionierung von Kapazitäten und Flächen
5.1 Kapazitätsbestimmung

Bei der Kapazitätsbestimmung soll lediglich auf einige Schwerpunkte hingewiesen werden. Da im Vordergrund einer allgemeingültigen Anzahlbestimmung die Berechnung:

$$Anzahl = \frac{Fonds_{,erforderlich}}{Fonds_{,verfügbar}}$$

steht, gilt es zunächst, auf die einzelnen Zeitfonds einzugehen. Dabei wird verallgemeinernd von Objekten als Sammelbegriff für Maschinen, Handarbeitsplätze, Anlagen, Fertigungssysteme, Bereiche usw. gesprochen. Verfügbare Zeitfonds werden auch als nominelle Zeitfonds bezeichnet und unterscheiden sich für Objekte und Arbeitskräfte. Im Einzelnen sind dies:

- Nomineller Arbeitszeitfonds für Objekte (Schichtbetrieb mit Unterbrechungen):

$$AZF_{nom,Ob} = (d_K - d_F) \cdot h_{Sch} \cdot z_{Sch} \text{ in h/a}$$

d_K Anzahl der Kalendertage pro Jahr

d_F Anzahl der arbeitsfreien Kalendertage pro Jahr (Sonn- und Feiertage)

h_{Sch} Anzahl der Arbeitsstunden pro Schicht

z_{Sch} Anzahl der Arbeitsschichten pro Tag

- Nomineller Arbeitszeitfonds für Objekte im Dreischichtbetrieb ohne Unterbrechungen (rollende Schicht)

$$AZ_{nom,Ob} = z_{Sch} \times h_{Sch} \times d_K \text{ in h/a}$$

$$\phantom{AZ_{nom,Ob} =} 3 \qquad 8 \qquad 365$$

- Nomineller Arbeitszeitfonds für Arbeitskräfte (Anzahl der Schichten = 1)

$$AZF_{nom,AK} = (d_K - d_F - d_A) \cdot h_{Sch}$$

d_A Anzahl der Ausfalltage pro Jahr (Urlaub, Krankheit usw.)

Die Berechnung der **Objektanzahl** für die unterschiedlichen Objekttypen muss differenziert erfolgen und ergibt sich aus obengenannter Gegenüberstellung des erforderlichen Zeitfonds zum verfügbaren Zeitfonds.

Die Bezeichnungen der erforderlichen Zeit folgen dem zweigliedrigen Schema nach /REFA 2012/:

▷ Arbeitszeit für die Arbeitskraft (Auftragszeit T)

▷ Zeitaufwand für das Arbeitsmittel (Belegungszeit T_{bB})

Nach REFA ist die Auftragszeit:

$$T = t_r + m \times t_e$$

t_r Rüstzeit

m Auftragsmenge

t_e Zeit je Einheit (vergl. Stückzeit)

und die Belegungszeit:

$$T_{bB} = t_{rB} + m \times t_{eB}$$

t_{rB} Rüstzeit

m Auftragsmenge

t_{eB} Betriebsmittelzeit je Einheit (analog t_s)

Damit kann die Objektanzahl (als unrunde Zahl mit * ausgewiesen) berechnet werden:

$$z_{ob}{}^* = AZA_{erf} / AZF_{vorh}$$

AZA_{erf} erforderlicher Arbeitszeitaufwand

AZF_{vorh} vorhandener Arbeitszeitfonds

$$AZA_{erf} = z_L \times T_{bB} \quad \text{bzw.} \quad AZA_{erf} = z_L \times (t_{RB} + n_L \times t_{eB1})$$

$$\text{mit } z_L = JSZ/n_L$$

z_L Loszahl (Anzahl der zu fertigenden Lose pro Jahr)

n_L Losgröße (Anzahl der Erzeugnisse je Los)

t_{RB} Betriebsmittelrüstzeit nach REFA

t_{eB1} Betriebsmittelzeit je Einheit nach REFA (1 Stück)

$$AZF_{vorh} = AZF_{nom,Ob} \times \eta_{Sch} \times f_N$$

AZF_{vorh} nomineller Arbeitszeitfonds, vorhanden

$AZF_{nom,Ob}$ nomineller Arbeitszeitfonds für Objekte

η_{Sch} Schichtauslastungsgrad (berücksichtigt technisch und organisatorisch bedingte Maschinenstillstände) (z.B. $\eta_{Sch} = 0,7 \dots 0,8$)

f_N Faktor der Normerfüllung

$$z_{Ob^*} = \frac{z_L \times T_{bB}}{AZF_{nom} \times \eta_{Sch} \times f_N}$$

Beispiel: Objekttyp Bearbeitungszentrum

5 Arbeitsgänge mit den Belegungszeiten:

t_{B1} = 641 min/Los

t_{B2} = 567 min/Los

t_{B3} = 531 min/Los

t_{B4} = 1438 min/Los

t_{B5} = 273 min/Los

JSZ = 5 100 Stück/Jahr

Losgröße n_L = 50 Stück/Los

Schichtauslastungsgrad η_{Sch}= 0,8

Faktor der Normerfüllung f_N = 1,1

$AZF_{nom,Ob}$ = 4 000 h/a (2-schichtiger Betrieb)

Gesamtbelegungszeit:

T_{bB} = (641 + 567 + 531 + 1438 + 273) min/Los

   = 3450 min/Los

= 57,5 h/Los

$$z_L = \frac{5100 Stck./a}{50 Stck./Los} = 102 \frac{Los}{a}$$

$$z_{Ob} = \frac{102 Los/a \times 57,5 h/Los}{4000 h/a \times 1,1} = 1,67 \qquad (z_{Ob} = 2)$$

Das Ergebnis ist in der Regel eine unrunde Dezimalzahl (z*), wo sich die Frage nach Auf- oder Abrundung stellt.

Bei der Fertigung ist eine Rundung nach der „10%-Regel" üblich, weil man durchaus in diesem Bereich Kapazitätsabweichungen für beherrschbar hält.

Betrachtet wird der Basiswert (z). Ist dieser kleiner als „1", dann wird grundsätzlich aufgerundet, ist er größer als „10", wird abgerundet.

Dazwischen entscheidet der prozentuale Anteil des Dezimalwertes zum Basiswert, ob aufgerundet (≥ 10%) oder abgerundet (≤ 10%) wird.

Beispiele:

(z)   z* → gerundeter Wert

9   9,7   9 (da ≤ 10%)

$z_{ob}^* = 7,52$ $z_{Ob} = 7$

$z_{Ob}^* = 0,4$ $z_{Ob} = 1$

$z_{Ob}^* = 8,7$ $z_{Ob} = 8,0$

$z_{Ob}^* = 2,3$ $z_{Ob} = 3,0$

- Transportmittelanzahl - diskontinuierlicher Transport

$$z_{TM} = \frac{\sum (z_{Sp}/Schicht) \times t_{Sp}}{AZ_{NOM,TM} \times \eta_{Sch}}$$

$z_{Sp/Schicht}$ Anzahl der erforderlichen Spiele pro Schicht
(=f(Losanzahl, Palettenanzahl))

t_{Sp} Spielzeit

Eine zentrale Größe bei der Planung ist der Energiebedarf (analog der Medienbedarf) und insbesondere der tatsächliche Anschlusswertes P_{tat}. Grundlage ist der theoretische Anschlusswert P_{th}, der durch Multiplikation mit einigen Faktoren, die die Praxisbedingungen widerspiegeln, zu P_{tat} führt.

$$P_{tat} = \sum_{i}^{n} P_{th,i} \times f_a \times f_g \times 1/f_v$$

i   Objekt $_{i\ bis\ n}$

P_{tat} tatsächlicher Energiebedarf

P_{th} theoretischer Energiebedarf (Anschlusswert)

f_a Auslastungsfaktor (≤ 1); Abb. 19

f_g Gleichzeitigkeitsfaktor (≤ 1); Abb. 20

f_V Verminderungs- bzw. Verlustfaktor (≤ 1)

$$f_a = \frac{P_m}{P_{th}} = \frac{\sum P_{mi}}{\sum P_{thi}}$$

P_{mi} mittlere Leistungsaufnahme

P_{thi} maximale (theoretische) Leistungsaufnahme

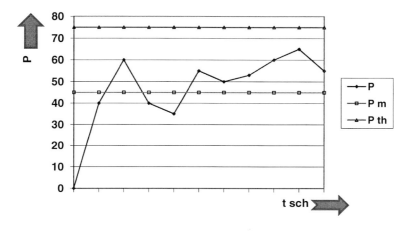

Abbildung 19   **Auslastungsfaktor**

$$f_g = \frac{\sum_{i=1}^{z_{Ob}} P_{thi} \times t_{Ei}}{t_{Sch} \times \sum_{i=1}^{z_{Ob}} P_{thi}}$$

t_{Ei} Einsatzzeit des Objektes i innerhalb der

Schichtzeit in h

t_{Sch} Schichtzeit in h

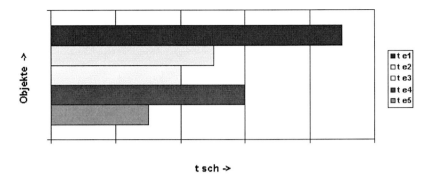

Dimensionierung von Kapazitäten und Flächen

t sch →

Abbildung 20   Gleichzeitigkeitsfaktor

Beispiele f_g:

Werkstattfertigung	$f_g = 0,25....0,7$
Reihenfertigung	$f_g = 0,25....0,8$
Fließfertigung	$f_g = 0,5......1,0$
Labor- und Versuchswerkstätten	$f_g \; 0,25......0,5$
Beleuchtung	$f_g = 0,9$

Rechenbeispiel:

t_1	= 8 h	10 kW
t_2	= 6 h	1 kW
t_3	= 4 h	1 kW
t_4	= 4 h	5 kW

$$f_g = \frac{80+6+4+20}{8*17} = 0,8$$

5.2   Flächendimensionierung

Zu den Kernanliegen der Fabrikplanung gehört die Bestimmung der benötigten Flächen für die unterschiedlichen betrieblichen Bereiche (Lager, Produktionsflächen für Haupt-, Hilfs- und Nebenprozesse, Verwaltung, Sozialbereiche, Flächen für ruhenden und fließenden Verkehr u.a.).

Im Mittelpunkt der Betrachtungen soll in diesem Abschnitt die Ermittlung der **Produktionsfläche** stehen. Von wenigen Ausnahmen abgesehen sind für die Aufstellung von Produktionsausrüstungen umbaute Produktionsräume erforderlich. Neben der Flächenberechnung für Neuplanungen ist auch die Überprüfung von bestehenden Betriebsflächen im Rahmen von Umstrukturierungen ein wiederkehrendes Anliegen der Flächendimensionierung.

► **Produktionsflächenermittlung**

Für die Bestimmung des Produktionsflächenbedarfs stehen verschiedene Ermittlungsmethoden zur Verfügung, so:

- die Flächenvorbestimmung aufgrund von Richtwerten und Kennziffern
- die rechnerische Methode auf synthetischer Basis durch Erfassung und Addition der Teilflächen
- die Ersatzflächenmethode
- die Flächenberechnung mit Flächenfaktoren

Ein bewährtes Mittel zur Flächenvorbestimmung stellen empirische Kennzahlen dar, die je nach Eignung, funktions- bzw. tätigkeitsabhängig mit Bezug auf unterschiedliche Größen existieren, so z.B.:

- m^2/ Mitarbeiter bzw. Personen
- m^2/ Ausstattungsvarianten
- m^2/ Betriebsmittel
- m^2/ Leistungseinheit

(siehe z.B. /NEU 2009/; /FRKA 2008/)

Bei der **Ersatzflächenmethode** geht man von der projizierten Betriebsmittelgrundfläche aus, die auf ein volles Rechteck ergänzt wird. Diesem Viereck wird an der Bedienungsseite ein Abstand von 100 cm, an den sonstigen Seiten ein Streifen von 60 cm hinzugerechnet. Dies ergibt die Ersatzfläche für den eigentlichen Arbeitsplatz.

Für die nicht erfassten Flächen muss ein Zuschlag hinzugefügt werden. Genauere Werte bringt die maßstäbliche, detaillierte Angabe der Funktionsflächen (Funktionsflächen siehe später).

Die Bestimmung des Flächenbedarfs für die sonstigen Nutzungsflächen, wie Abstellflächen für Material, Werkzeuge und Vorrichtungen, ferner für Transportflächen (Haupt- und Nebentransportwege, Manövrierflächen), aber auch für Meisterbüros, Pausenräume, Werkzeugausgabe usw., kann mit Zuschlagfaktoren (in %) vorgenommen werden.

Breiten Eingang in die Praxis hat die am ehemaligen Wissenschaftsbereich Betriebsgestaltung der TU Dresden entwickelte Vorgehensweise der **Flächenberechnung mit Flächenfaktoren** gefunden.

Rockstroh (ROC 1982) beschreibt die Berechnung der Arbeitsplatzflächen mittels Flächenfaktoren. Damit erhält man Werte von hinreichender Genauigkeit[22].

Eingesetzt wird sie vorwiegend an Objekten des Maschinenbaus, sie kann jedoch auch angepasst für andere Industriezweige Verwendung finden.

Flächenfaktoren sind nicht für die Einzelflächenermittlung gedacht und geben aufgrund ihres Durchschnittscharakters daher auch nur für die Flächenermittlung bei mehreren unterschiedlichen Objekten und meist nur im Stadium der Studie ausreichend genaue Werte.

Die genannten Flächenfaktoren berücksichtigen den Bedarf an Teilflächen des Arbeitsplatzes für die:

- Aufstellung des Objektes
- Bedienung des Arbeitsplatzes
- Pflege, Reinigung und Wartung
- Reparatur am Aufstellort

---

[22] Entsprechende Aktualisierung und Anpassung bei relevanten Veränderungen der betrachteten Objekte vorausgesetzt.

- Ablage von Werkzeugen, Vorrichtungen und Lehren, von Material, Teilen und Abfällen am Arbeitsplatz, soweit dafür gesonderte Fläche notwendig
- Abwendung von Gefährdungen gegenüber benachbarten Arbeitsplätzen

(siehe dazu auch zur Rolle der Funktionsflächen bei der Layoutplanung in Kapitel 7)

Zur Bestimmung der Produktionsfläche kommen bei /ROC 1982/ neben den Flächenfaktoren in der Phase der Grobplanung auch Faktoren zur Ermittlung der Transportflächen, der Zwischenlagerflächen und der Hilfsflächen zur Anwendung

(Abb. 21 und Tabellen 3 bis 5).

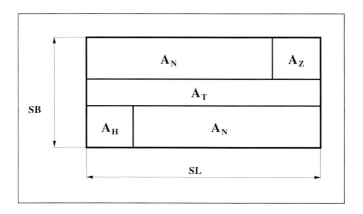

Abbildung 21   Produktionsfläche A_P / Teilflächen

Es gilt folgender Zusammenhang:

$$A_P = A_N + A_T + A_Z + A_H$$

A_P Produktionsfläche

Basisgröße für die Bestimmung von A_P ist die Nettoproduktionsfläche A_N, die der Summe aller Arbeitsplatzflächen (Maschinen- bzw. Handarbeitsplätze, also die zur unmittelbaren Durchführung der Produktion erforderliche Fläche) entspricht und die alle oben bereits genannten Funktionsflächen mit einbezieht.

$$A_N = \sum A_A = \sum A_G \cdot f_A \cdot z_{Ob}$$

A_N Nettoproduktionsfläche

A_A Arbeitsplatzfläche

A_G Objektgrundfläche

f_A Flächenfaktor

z_{Ob} Anzahl der Objekte i

Der Ausweis der Funktionsflächen ist nicht nur notwendig zum Verständnis im Zusammenhang mit der Flächenvorbestimmung (hier quantifiziert durch den Flächenfaktor), sondern spielt bei der später noch zu behandelnden Layoutgestaltung (Kapitel 7) als wichtige Informationsgrundlage für die optimale Maschinenaufstellung (Mindestabstände, mögliche Funktionsflächen-überdeckung) eine wichtige Rolle.

Der Berechnungsansatz geht davon aus, dass sich die Verlustflächen durch frei bleibende Flächen und die Flächeneinsparungen durch mögliche Überdeckungen die Waage halten (dazu noch später).

Abgeleitet von der Nettoproduktionsfläche als Basisgröße werden nun die weiteren Flächenanteile bestimmt.

$$A_T = A_N \cdot f_T$$

A_T Transportfläche

f_T Faktor für Transportflächenanteil

$$A_Z = A_N \cdot f_Z$$

A_Z Zwischenlagerfläche

f_Z Faktor für den Zwischenlagerflächenanteil

$$A_H = A_N \cdot f_H$$

A_H Hilfsfläche (z.B. Werkzeugausgabe, Kontrolle,

Meisterbereich)

f_H Faktor für den Hilfsflächenanteil

Tabelle 3   Flächenfaktoren nach /ROC 1982/

A_G in m²	Flächenfaktor f_A
0,5 ... 1,0	6
> 1,0 ... 2,0	5
> 2,0 ... 3,0	4,5
> 3,0 ... 4,0	4
> 4,0 ... 12,0	3
> 12,0 ... 16,0	2,5
> 16,0 bis 22 m²	2

Tabelle 4   Faktoren nach /ROC 1982/

Faktor-bezeichnung	Industriezweig / Anwendungsgebiet	Faktor
f_T	Maschinenbau (Teilefertigung)	0,25 ... 0,3
	Holzindustrie (Teilefertigung)	0,3 ... 0,8
	Baugruppen-/ Erzeugnisfertigung	0,15 ... 0,25
f_Z	Maschinenbau	0,2 ... 0,3
	Holzindustrie	0,3 ... 0,6
	Baugruppenfertigung	0,1 ... 0,2
f_H	Maschinenbau, Holzindustrie	0,1 ... 0,2

Tabelle 5   Flächenfaktoren / Handwerkliche Holzindustrie /BUC 2011/

A_G [m²]	Flächenfaktor f_A
Bis 0,5	≥13
0,5 – 0,6	12
0,6 – 0,7	11
0,7 – 0,8	10
0,8 – 0,9	9
0,9 – 1,2	8
1,2 – 1,5	6 - 7
≥ 1,5	Faktoren von ROCKSTROH

Bei der Flächenplanung eines Gesamtbetriebes bzw. einer Fabrik sind über die Produktionsfläche hinaus alle sonstigen bebauten und unbebauten Flächen mit einzubeziehen (Abb. 22).

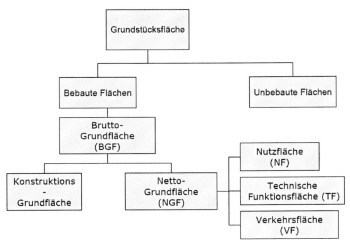

Abbildung 22   Flächengliederung (Übersicht) nach /DIN 277/ und /VDI 3644/

Mit /DIN 277/ und /VDI 3644/ liegt eine einheitliche Begriffsbestimmung zur Flächengliederung vor (Abb.22), auf der die Analyse und Dimensionierung von Betriebsflächen als wichtiger Teil der Fabrikplanung basieren sollte. In /VDI 3644/ werden ein "Systematisches Flächenplanungssystem" einschließlich "Flächenerfassungsbogen" vorgestellt.

Unbebaute Flächen sind dort weiter untergliedert in Nutzflächen (Fertigungsflächen, Lagerflächen, Prüfflächen und sonstige Flächen), Versorgungsflächen (Kühl-, Löschwasserbecken, Kläranlagen), Verkehrsflächen, Parkplatzflächen, Reserveflächen sowie Grün-/ Freiflächen.

Die Nettogrundrissflächen (NGF) als Teil der bebauten Flächen abzüglich Konstruktionsflächen nach /VDI 3644/ beinhalten die Nutzflächen als Hauptnutzflächen (Produktionsflächen, Lagerflächen, Sonderflächen und Büroflächen) und Nebennutzflächen (Sozialflächen, Sanitärflächen, sonstige Flächen). Bei der Bestimmung der Flächen für soziale Bereiche bzw. Sozialräume, wie:

- Sanitärräume (Waschräume, Umkleideräume, Toiletten- räume)
- Liegeräume
- Speiseräume / Pausenräume und
- Sanitätsräume

weisen die Arbeitsstättenverordnung /ARB 2010/ sowie die spezifischen Arbeitsstättenregeln zwar nur in Einzelfällen direkte Flächenvorgaben (z.B. Mindestgrundfläche) aus, lassen aber über entsprechende Mindestvorgaben zur Anzahl (meist abhängig von der Beschäftigtenzahl) und zur Ausstattung obengenannter Räume Ableitungen zur Flächengröße zu.

Flächenangaben zum fließenden Verkehr (Werkstraßen, Umschlagsflächen, Wendeplätze) und zum ruhenden Verkehr (Parkflächen) siehe in /FRÖ FP/, /ASR A1.8/, /FRKA 2008/, /MEN 2007/, /NEU 2009/ und /LAN 1998/.

Die berechnete Fläche sollte zuzüglich einer Erweiterungs- bzw. Reservefläche geplant werden.

Übungsbeispiel / Flächenvorbestimmung - Produktionsfläche

Ausrüstungen / Produktionsbereich:

Nr.	Benennung	Type	A_G in m^2	z_{Ob}	f_A	A_A in m^2
1	Futterteildrehmaschine	DF 315	5	3		
2	Senkrechtstoßmaschine	StS 180	0,9	1		
3	Bohr- und Fräsmaschine Tischausführung	BFT 63	5,8	1		
4	Brennschneidmaschine	F 03/ZIZ NC	5,2	1		
5	Trockenschleifmaschine	SE 300	0,5	2		
6	Säulenbohrmaschine	BS 25	0,8	2		
7	Kreissägeautomat	SgAK 315	1,9	2		
8	Leit- und Zug- spindeldrehmaschine	DLZ 280x500	1,7	12		
9	Senkrechtfräsmaschine	FSS 200x800	1,6	2		
10	Tischbohrmaschine	BT 10	1,4 (mit Werk- tisch)	1		
11	Schweißtisch mit Schweißumformer	ST 800/U	1,1	3		
12	Werktisch	WT	1,4	5		

$f_T = 0,3$ $\qquad\qquad$ $f_Z = 0,2$ $\qquad\qquad$ $f_H = 0,1$

Nettoproduktionsfläche $A_N=$ $\qquad$ Transportfläche $A_T=$

Zwischenlagerfläche $A_Z=$ $\qquad$ Hilfsflächen $A_H=$

Produktionsfläche $A_P=$

► **Funktionsflächen**

Die Teilflächen eines Arbeitsplatzes werden in verschiedene Funktionsflächen untergliedert (Abb. 23 und Tabelle 6).

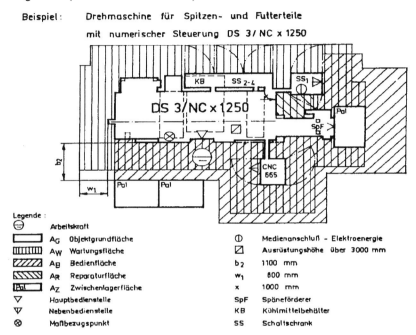

Abbildung 23   2-D-Modell mit Funktionsflächen

Tabelle 6   Funktionsflächenarten

Funktion	Benennung der Fläche	Kurzzeichen
Bedienung	Bedienfläche	A_b
Wartung und Pflege	Wartungsfläche	A_w
Reparatur am Aufstellort	Reparaturfläche	A_r
Ablagen	Ablagefläche	A_a
Abwendung von Gefahren	Gefahrenfläche	A_g

- **Bedienfläche A_b**

Auf der Bedienfläche hält sich die Arbeitskraft ständig oder zeitweise zur Durchführung aller Bedienaufgaben auf.

Diese sind:

► Ein- und Ausspannen des Materials

► Messen und Prüfen

► Werkzeug- und Vorrichtungswechsel

► Umrüsten des Arbeitsplatzes, Einrichten von Automaten

► Ein- und Ausschalten

► Entfernen von Spänen usw.

Als Bedienfläche dient i.a. ein Flächenstreifen der **Breite b** an der bzw. den Seite(n) des Arbeitsplatzes, an der bzw. an denen Bedienaufgaben auszuführen sind (Hauptbedienstelle, Nebenbedienstelle).

Das Maß b hängt von vielen Einflüssen ab (Abb. 24). Bei üblichem Bewegungsbedarf der Arbeitskraft wird es 800 bis 1000 mm betragen. Beim Handhaben großer und sperriger Teile (Korpusse, Platten, Leisten) wird b von deren Abmessungen bestimmt. Bei Arbeitsplätzen mit veränderlicher bzw. beweglicher Bedienstelle wird davon ausgegangen, dass eine entsprechende Bedienfläche die Ortsveränderung der Bedienstelle mit vollzieht und die dadurch überstrichene Fläche die gesamte Bedienfläche ergibt.

Es versteht sich von selbst, dass die Bedienfläche in jedem Fall freigehalten werden muss oder für die gelegentliche Bearbeitung sperriger Teile ohne weiteres freigemacht werden kann.

- **Wartungsfläche A_w**

Auf der Wartungsfläche hält sich die Arbeitskraft zur Durchführung aller Wartungsarbeiten auf. Das können sein:

► Reinigung der Maschine

► Kontrolle und falls erforderlich Schmierung

► Wechseln von Maschinenteilen, kleinere Instandhaltungsaufgaben, die vom Bediener ausgeführt werden können

Hierzu dient i.a. ein Flächenstreifen der **Breite w** rings um den Arbeitsplatz, wie dies in Abb. 25 dargestellt ist.

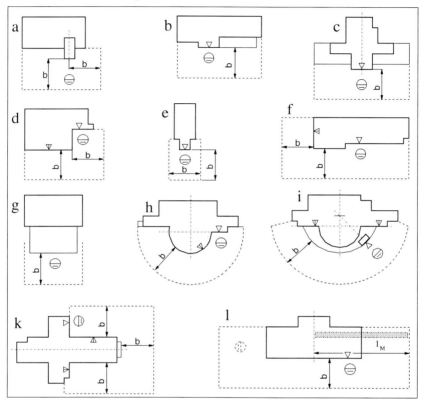

Abbildung 24   Beispiele für Lage und Form von Bedienflächen

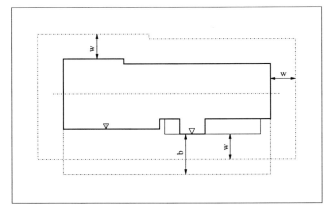

Abbildung 25 Aufstellung einer Drehmaschine mit Darstellung von Bedien- und Wartungsfläche

Davon abweichend benötigen Arbeitsplätze ohne besondere Wartungsansprüche wie Werktische für Handarbeiten und kleine, mobile Maschinen keine derartigen Wartungsflächen. Maschinen mit schmaler Rückseite brauchen an dieser Rückseite keine Wartungsfläche der Breite w, wenn sie dadurch platzsparend an der Wand aufgestellt werden können. Allerdings ist in diesem Falle das rückseitige Abstandsmaß so zu wählen, dass ein Wandanstrich und eine Reinigung der Maschine ohne Erschwernis erfolgen können.

Das Maß w hängt vom Bewegungsbedarf der Arbeitskraft und den zur Wartung benutzten Hilfsmitteln ab. Bei üblichen Bewegungsabläufen der Arbeitskraft wird w zwischen 600 bis 800 mm betragen, für die einwandfreie Wartung großer und insbesondere hoher Maschinen wird der Abstand auch größer sein müssen.

Abb. 26 zeigt zwei typische Fälle für kleinen und großen Bedarf an Wartungsfläche für die Reinigung von Maschinen. Hierbei ist es unerheblich, ob die gegenüber einer Maschine liegende Begrenzung der Wartungsfläche eine Wand oder eine benachbarte Maschine ist.

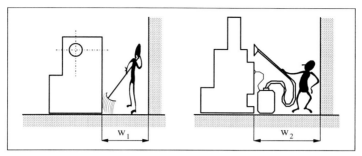

Abbildung 26   Unterschiedliche Wartungsflächenabstände

- **Reparaturfläche A_r**

Auf der Reparaturfläche wird Platz freigehalten für die betreffenden Arbeitskräfte zur Durchführung der Reparaturaufgaben am Aufstellort. Um Lage und Größe dieser Fläche(n) zu bestimmen, ist es notwendig, die Reparaturanforderungen der Maschinen zu kennen oder beim Hersteller der Maschine zu erfragen.

Bei der Nutzung katalogisierter Informationen von Ausrüstungen kann davon ausgegangen werden, dass die wesentlichen Anforderungen an den Reparaturflächenbedarf in den katalogisierten 2-D-Modellen. (siehe dazu auch Kapitel 7.3) enthalten sind. Typisch hierfür ist der durch Pfeilsymbole angezeigte Flächenbedarf für Aus- und Einbau von Maschinenspindeln, Wellen, Späneförderern und dergleichen, wie das in Abb. 27 angegeben ist. In diesem Falle gilt der Bedarf an Reparaturfläche als abgedeckt, wenn ein- oder beidseitig der mit Pfeil und Maß angegebenen Stelle in der verlangten Ausbaulänge ein Flächenstreifen der Breite ca. 800 mm zur Verfügung steht. Praktisch kann auch akzeptiert werden, wenn diese Flächen ohne Demontagen an benachbarten Arbeitsplätzen freigemacht werden können.

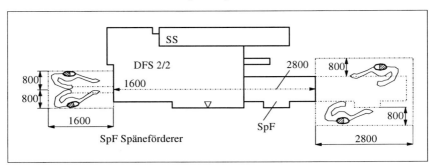

Abbildung 27   Beispiel   für   Reparaturflächen   an   einer Werkzeugmaschine

Eine Besonderheit bei Reparaturflächen soll noch erläutert werden. Häufig ist bei Reparaturarbeiten nicht ohne Hebezeug auszukommen. Steht nun in dem betreffenden Werkstattraum kein geeigneter Hallenkran zur Verfügung, dann muss für die Reparatur ein Mobilkran aufgestellt werden können. Die hierfür notwendig werdenden Flächen gelten dann ebenfalls als Reparaturflächen. Selbstverständlich   stehen   im   Reparaturfalle   auch   die   anderen Funktionsflächen des Arbeitsplatzes zur Verfügung.

- **Ablagefläche A_a**

Ablageflächen sind unterschiedliche Flächen für die Ablage von Material, Teilen und Abfällen bzw. für die Aufstellung von Transporthilfsmitteln für deren Ablage, für die Aufstellung von Werkzeugschränken, erforderlichenfalls von Werk- und Ablagetischen oder Regalen im Bereich des Arbeitsplatzes. Die Größe dieser Flächen wird von den Abmessungen dieser Einrichtungen, gegebenenfalls von Abmessungen und Menge von Material und Teilen (z.B. Losgröße) bestimmt. Die Standorte dieser Flächen sollen günstig zur Bedienstelle liegen. Die Materialablagen müssen außerdem günstig von den Transportmitteln zu erreichen sein.

Aus diesem Grunde kann die Lage der Ablageflächen auch erst mit der Bestimmung des Standortes des betreffenden Arbeitsplatzes in der Werkstatt endgültig festgelegt werden.

Es kann zweckmäßig sein, Ablageflächen benachbarter Arbeitsplätze räumlich zusammenzulegen (z.B. gemeinsam benutzte Reststoffbehälter usw.).

- **Gefahrenfläche A_g**

Durch die Gefahrenfläche werden gekennzeichnete oder abgesperrte Flächen an Arbeitsplätzen ausgewiesen, von denen Gefährdungen ausgehen können, wenn diese nicht mit anderen technischen Mitteln auszuschließen sind.

Beispiele hierfür sind Greifbereiche von Industrierobotern, Späne- und Funkenflugbereiche, Blendbereiche von Lichtbögen, intensive Wärme-, Staub- oder Gasemissionen, Bereiche akuter Explosionsgefahr, Kranschneisen usw.

Um derartige Gefährdungen abzuwenden, sind auch andere technische Maßnahmen zu erwägen, wie sensorgeführte optische und / oder akustische Signale, sensorgekoppelte Not-Aus-Schaltungen für Maschinen u.a.m.. Erst wenn dies nicht ausreicht, sind Gefahrenflächen vorzusehen.

Da die angegebenen Gefährdungen an den meisten Arbeitsplätzen nicht auftreten, ist die Berücksichtigung von Gefahrenflächen auf Ausnahmefälle beschränkt.

In der Praxis wird mit Ausnahme von Ablageflächen von einer zeichnerischen Darstellung der Funktionsflächen meist abgesehen.

Zum sicheren Umgang mit Funktionsflächen gehören auch Kenntnisse zur Überdeckung dieser Flächen, wie sie im Folgenden behandelt werden.

- **Überdeckung von Funktionsflächen**

Teilweise werden Arbeitsplatzflächen von **mehreren** Funktionen belegt. Dieser Sachverhalt wird Funktionsflächenüberdeckung genannt.

Tritt diese Überdeckung an Funktionsflächen *eines* Arbeitsplatzes auf, so handelt es sich um die **innere Überdeckung**. Es tritt aber auch die Überdeckung von Funktionsflächen benachbarter Arbeitsplätze auf. In diesem Fall handelt es sich um die **äußere Überdeckung**.

Bei der Erarbeitung von Maschinenaufstellungsplänen ist die äußere Überdeckung besonders zu beachten. Es dürfen keine Behinderungen und keine Gefährdungen auftreten (zu logischen Regeln der Überdeckung siehe auch Kapitel 7.3).

- Innere Überdeckung von Funktionsflächen

Die anderen, teilweise überdeckten Flächen werden nie gleichzeitig, sondern immer nur nacheinander genutzt, da z.b. Bedienung und Wartung, Wartung und Reparatur, Reparatur und Gefährdung i.d.R. nicht gleichzeitig auftreten werden.

Ausnahmsweise können auch Ablageflächen mit Wartungsflächen bzw. Reparaturflächen überdeckt werden. Es muss jedoch gewährleistet sein, dass die Flächen für den Zeitraum ihrer Inanspruchnahme geräumt werden können.

- Äußere Überdeckung von Funktionsflächen

Zunächst soll festgestellt werden, dass ein hohes Maß an Funktionsflächenüberdeckung angestrebt werden soll, weil dies zu einer sparsamen Flächenverwendung und einer guten Flächenauslastung führt. Das ist im besonderen Maße durch die äußere Funktionsflächenüberdeckung erreichbar, also durch die Überdeckung von Funktionsflächen benachbarter Arbeitsplätze, wie dies für die Arbeitsplätze A und B in Abb. 28 dargestellt ist.

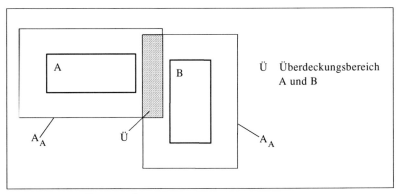

Abbildung 28   Äußere Überdeckung

Die Konturen A_A sollen vereinfacht die äußeren Umrisse beider Arbeitsplätze darstellen.

Nach /ROC 1982/ kann der äußere Überdeckungsgrad $\eta_{ä}$ wie folgt berechnet werden:

$$\eta_{ä} = \left[1 - \frac{A_N}{\sum\limits_{i=1}^{n} A_{Ai}} \right] \cdot 100 \text{ in } \%$$

$\eta_{ä}$	äußerer Überdeckungsgrad
A_N	Nettoproduktionsfläche
A_{Ai}	Arbeitsplatzfläche i

Innerer Überdeckungsgrad η_i:

$$\eta_{ä} = \left[1 - \frac{A_A}{\sum\limits_{i=1}^{n} A_{Fi}} \right] \cdot 100 \text{ in } \%$$

η_i	innerer Überdeckungsgrad
A_A	Arbeitsplatzfläche
A_{Fi}	Einzelproduktionsfläche

$$A_N = \sum_{i=1}^{z_{Ob}} A_{Ai} - \sum_{i=1}^{z_{Ob}} A_{Ai} \times \frac{\eta_{Ä}}{100} + \sum_{i=1}^{z_{Ob}} A_{fr}$$

A_{fr}	Freifläche

6 Strukturierung von Fertigungsstätten
6.1 Technische Strukturierung

Auch in der Fabrikplanung hat der Strukturbegriff oft eine weite Auslegung. Hier soll unter Struktur der Aufbau und die innere Gliederung eines Systems (Arbeitssystems) verstanden werden. Die Struktur widerspiegelt also die Gesamtheit der Beziehungen innerhalb des betrachteten Systems und auch nach außen.

Nach Schmigalla /SCHM 1995/ wird ein System[23] durch die Menge der Systemelemente M und die ihnen aufgeprägte Struktur S charakterisiert:

$$\Sigma = (M, S)$$

M   Elementmenge[24]

S   Struktur als Menge der Relationen über M

Der Struktur kommt bei der Systemgestaltung eine bedeutende Stellung zu, da sie die Art und Weise der Beziehungen der Systemelemente, deren Anzahl und zeitliche Verteilung usw. zum Inhalt hat.

In der Praxis werden diese Beziehungen durch den Fertigungsfluss (Abb. 29) geprägt.

In der Strukturierungsphase geht es darum, auf der Grundlage der nach Art und Menge vorbestimmten Objekte in Form von Maschinen, Anlagen, Einrichtungen und Arbeitsplätzen, die für das System **optimale Form der Kopplung** zu ermitteln.

Die Strukturform des zu planenden Systems wird wesentlich durch die zwischen den Elementen (Objekten) technologisch vorgegebenen bzw.

---

[23] *„Ein System ist eine abgegrenzte Anordnung von Kompetenzen, die miteinander in Beziehung stehen"* (siehe /VDI 3633/). Über das System Fabrik bzw. Fabrikelemente hinausschauend wird in der Literatur oft auch von der „Umgebung" bzw. „Randstruktur" gesprochen, womit beispielsweise der Beschaffungs-, Absatz-, Kapital und Arbeitsmarkt, die Politik, Wirtschaft, Natur, Infrastruktur usw. verstanden werden

[24] Siehe auch den engen Bezug der Elemente zu den sogenannten Produktionsfaktoren: Arbeitskraft, Arbeitsmittel und Arbeitsgegenstand

räumlich herzustellenden, oftmals an Ausrüstungen und Standortgegebenheiten gebundenen Kopplungen bestimmt. Bei den zunächst auf den Fertigungsfluss bezogenen Strukturbetrachtungen wird von der **technischen Strukturierung** gesprochen. Hier werden wichtige Vorentscheidungen getroffen, die zu einem späteren Zeitpunkt in der Gestaltungsphase präzisiert werden müssen (räumliche Strukturierung).

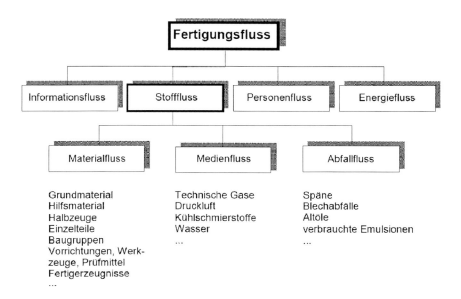

Abbildung 29   Fertigungsfluss in der Fabrik

Der technischen Struktur liegen also die technisch-technologischen Beziehungen zugrunde, die zur Durchführung der geplanten Operationen im Sinne des Fertigungsfortschritts mit dem (Arbeits-) System zu erfüllen sind.

Es wird nach einer **Grob-** und einer **Feinstruktur** unterschieden.

♦ **Technische Grobstruktur**

Bei der technischen Grobstruktur werden die zwischen den operations-durchführenden Objekten erforderlichen Kopplungen dargestellt, die durch

Beziehungen zu den peripheren Bereichen und durch Versorgungs- sowie Entsorgungsaktivitäten energetischer, materiell-stofflicher und informationeller Art ergänzt werden (vgl. Abb. 30).

Abbildung 30   Technische Grobstruktur / Symbole

♦ **Technische Feinstruktur**

Mit der technischen Feinstruktur werden über die allgemeine Darstellung der Kopplung hinausgehende funktionelle Untersetzungen deutlich gemacht, die für den gesamten TUL-Prozess[25] des Industriebetriebes und besonders bei der unmittelbaren *Verkettung* von Objekten eine wichtige Rolle spielen. Die technische Feinstruktur findet beispielsweise bei der Strukturierung von bedienarmen Prozessen (Industrierobotereinsatz o.ä. Anwendung (Abb. 31) Einsatz.

Unter **Objektverkettung** wird die werkstückflusstechnische Verbindung von Objekten zum Zwecke einer zwangsläufigen (starre Verkettung) oder variierbaren (lose Verkettung) Operationsfolge verstanden (vergleiche dazu auch /VDI 2860/).

Die starre Objektverkettung wird realisiert als getaktete oder ungetaktete werkstückflusstechnische Verbindung von Objekten zur folgemäßigen

---

[25] Transport-, **U**mschlag- und **L**agerprozess

mechanischen Bearbeitung oder Montage gleicher Teile (Baugruppen) bzw. eines begrenzten Teilesortiments großer Stückzahlen.

Unter loser Objektverkettung versteht man die werkstückflusstechnische Verbindung von Objekten, zwischen denen ein variierbarer Teilefluss zur folgemäßigen Teilefertigung oder Montage gleicher oder unterschiedlicher Teile (Baugruppen) stattfindet. Die lose Objektverkettung wird dort vorgesehen, wo mit einem veränderlichen Produktprogramm auch veränderliche Operationsfolgen verbunden sind.

Weitere Kriterien können sein:

- niedrige und oft wechselnde Stückzahlen
- ein niedriger Automatisierungsgrad der Verkettung
- die zum Einsatz kommenden Werkstückflusssysteme (z.B. ermöglicht der Einsatz von Gabelstaplern u. ä. Transportmitteln eine objektungebundene Verkettung)

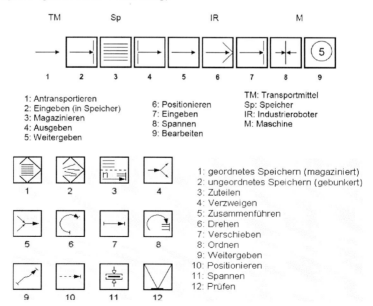

TM: Transportmittel
Sp: Speicher
IR: Industrieroboter
M: Maschine

1: Antransportieren
2: Eingeben (in Speicher)
3: Magazinieren
4: Ausgeben
5: Weitergeben
6: Positionieren
7: Eingeben
8: Spannen
9: Bearbeiten

1: geordnetes Speichern (magaziniert)
2: ungeordnetes Speichern (gebunkert)
3: Zuteilen
4: Verzweigen
5: Zusammenführen
6: Drehen
7: Verschieben
8: Ordnen
9: Weitergeben
10: Positionieren
11: Spannen
12: Prüfen

Abbildung 31   Technische Feinstruktur / Beispiel / Symbole

Wenn es um die Erarbeitung erster Vorstellungen bzw. Konzepte zum Aufbau eines Gesamtbetriebes geht, dann sollen auch die in der Praxis bewährten Übersichtsdarstellungen als sogenanntes Funktionsschema und Betriebsschema erwähnt werden. Hier verschafft man sich zunächst in einem Blockschema zu den wichtigsten Funktionsträgern bzw. Bereichen eines Betriebes sowie zu den Beziehungen innerhalb und außerhalb des betrachteten Produktionssystems (insbesondere Beziehungen des Fertigungsflusses) Klarheit.

Beim Funktionsschema werden die Teilbereiche einer Produktion innerhalb des Betriebes herausgestellt und der Hauptfluss der Produktion verdeutlicht (vielfältige Beispiele siehe z.B. in /ROC 1976/)

Das Betriebsschema zeigt die relevanten Beziehungen aller in der Fabrik anzuordnenden Einheiten sowohl innerhalb als auch nach außen.

6.2 Räumliche Strukturierung / Strukturvorentscheidung

Unter der „Räumlichen Struktur" wird die Widerspiegelung der fertigungsflussbezogenen Beziehungen zwischen den Systemelementen unter Berücksichtigung der Umfeld-Einbindung an einem bestimmten Standort verstanden. Sie ist also raumabhängig. Der Übergang von der technischen zur räumlichen Struktur ist fließend.

In Fertigungswerkstätten werden so genannte **Strukturtypen** (auch Fertigungsprinzipien genannt) unterschieden. Dieser Strukturtyp ist eine strukturelle Grundgestalt und verkörpert Kennzeichen des räumlich strukturellen Aufbaus.

Nach Schmigalla /SCHM 1995/ lassen sich in Fertigungsstätten, insbesondere im Maschinenbau und ihm verwandten Zweigen, folgende Strukturtypen unterscheiden:

- **Punktstruktur (Einzelplatz)**

An einem Objekt, das innerhalb der Operationsfolge mit keinem anderen Objekt der Fertigungseinheit kooperiert, wird ein Einzelteil bzw. ein Erzeugnis vollständig bearbeitet. Aufgrund des Fertigungsablaufes bestehen keine Beziehungen zu anderen Objekten, sondern nur Beziehungen zum Eingang bzw. Ausgang.

- **Reihenstruktur** (Zweckanordnung)

Mehrere Objekte stehen zur Realisierung einer vorgeschriebenen Operationsfolge so untereinander räumlich in Beziehung, dass der Materialfluss in einer Richtung verläuft. Wenn dies getaktet über die einzelnen Maschinen geschieht, wird in der Praxis von „Fließreihen" gesprochen.

- **Neststruktur bzw. Netzstruktur** (Zweckanordnung)

Die zur Realisierung einer vorgeschriebenen Operationsfolge erforderlichen Objekte stehen untereinander derart in wechselseitigen Beziehungen, dass der Materialfluss in beiden Richtungen verlaufen kann. Hierzu gehören auch die Mehrmaschinenbedienung und Gruppenanordnung.

- **Werkstattstruktur** (Artanordnung)

Artgleiche Objekte werden jeweils in Objektgruppen zusammengefasst, so dass im allgemeinen nicht festzulegen ist, welches Objekt der einen Gruppe mit welchem einer anderen in Beziehung steht (Untergliederung in Werkstattbereiche, wie Zuschnitt, Drehen, Fräsen, Schleifen usw.)

Der Entscheidungsvorschlag nach /SCHM 1995/ über den Strukturtyp setzt eine bestimmte Geschlossenheit der betrachteten Fertigungseinheit voraus. Dazu muss der Geschlossenheitsgrad ermittelt werden.

- **Geschlossenheitsgrad einer Fertigungseinheit**

Um die Entscheidung bezüglich der Strukturform einer Fertigungseinheit treffen zu können, ist die Ermittlung der zu ihr gehörenden Objekte eine wichtige Voraussetzung. Für die Vorbestimmung bzw. für die Überprüfung eines als Fertigungseinheit zu betrachtenden Systems hat sich der **Geschlossenheitsgrad** η_G als nützlich erwiesen.

$$\eta_G = \frac{\sum_{m=1}^{n} O_{im}}{\sum_{m=1}^{n} (O_i + O_a)_m}$$

O_{im} Gesamtanzahl der Operationen in einer Fertigungseinheit,

O_i Anzahl der Operationen innerhalb der Fertigungseinheit

O_a Anzahl der Operationen außerhalb der Fertigungseinheit.

Der Geschlossenheitsgrad verdeutlicht die Höhe des Anteils der Operationen (Arbeitsgänge), die innerhalb der vorgesehenen Fertigungseinheit liegen, im Verhältnis zu der Gesamtzahl der durchzuführenden Operationen. Als Voraussetzung für nachfolgend beschriebene Strukturvorentscheidung wird meist eine Orientierung von $\eta_G \geq 0,75$ angegeben /GRU 2009/.

Strukturvorentscheidung mittels Kooperationsgrad

Mit dem von /SCHM 1995/ begründeten Kooperationsgrad η_K wird die mittlere Anzahl **der** Objektbeziehungen bezeichnet, mit denen ein Objekt aufgrund des Produktionsdurchlaufes unmittelbar verbunden ist.

Vor allen Dingen für konventionelle Fertigungseinheiten[26] hat der Kooperationsgrad noch seine Bedeutung.

Mit zunehmender Automatisierung des Materialflusses stehen jedoch neue Möglichkeiten zur Kopplung von Objekten zur Verfügung.

Der Kooperationsgrad η_K ist wie folgt definiert /SCHM 1995/:

---

[26] D.h. nicht für automatisierte, integrierte Fertigungseinheiten

$$\eta_K = \frac{\sum\limits_{i=1}^{n} z_{Ob,i}}{z_{Ob,ges}}$$

η_K Kooperationsgrad, mittlere Anzahl von Objekten, mit denen ein Objekt auf Grund des Produktionsdurchlaufes unmittelbar verbunden ist

$z_{Ob,i}$ Anzahl der Objekte, mit denen Objekt i unmittelbar kooperiert

$z_{Ob,ges}$ Anzahl der Objekte in der betrachteten Fertigungsseinheit

Aus der Größe des Kooperationsgrades können, in Verbindung mit der Anzahl der betrachteten Objekte, erste Schlussfolgerungen bezüglich des räumlichen Strukturtyps gezogen werden. In Abb. 32 ist ablesbar, welcher Strukturtyp gewählt werden sollte, was ein Beispiel in Abb. 33 verdeutlicht.

Bei diesem Beispiel (Abb. 33) folgt aus Betrachtung des Schnittpunktes in Abb. 32 (η_K = 2,6 bei einer Objektanzahl von 7), dass sowohl eine Reihenstruktur, als auch eine Neststruktur in Frage kommt. Hier kann zur weiteren Entscheidung ein Blick in Transportbeziehungsmatrizen und ihrer Richtungsorientierung weiterhelfen.

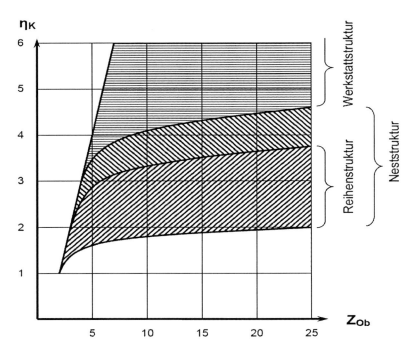

Abbildung 32 Räumlicher Strukturtyp in Abhängigkeit von Objektanzahl und Kooperationsgrad (nach /SCHM 1995/).

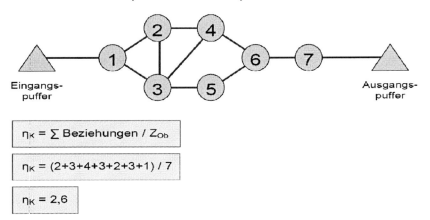

$$\eta_K = \sum \text{Beziehungen} / Z_{Ob}$$

$$\eta_K = (2+3+4+3+2+3+1) / 7$$

$$\eta_K = 2{,}6$$

Abbildung 33 Kooperationsgradermittlung / Beispiel

Entweder, es dominieren Beziehungen in nur einer Richtung („Vorwärtsbeziehungen"), was durch Zuordnungsmarkierung oberhalb der Diagonale (siehe Eintragung mit „x") deutlich wird und auf eine Reihenstruktur schließen lässt (Abb.34), oder es gibt Vorwärts- und Rückwärtsbeziehungen zwischen den Objekte (Beziehungen sowohl oberhalb als auch unterhalb der Diagonale), was zu einer Neststruktur führt (Abb. 35).

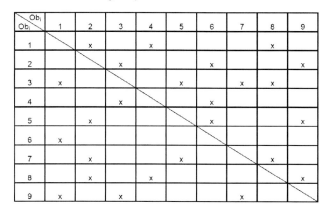

Abbildung 34 Matrix der Transportbeziehungen („Vorwärts-Beziehungen")

Abbildung 35 Matrix der Transportbeziehungen („Vorwärts- und Rückwärtsbeziehungen")

6.3   Objekt-Standort-Zuordnung

Probleme der Objekt-Standort-Zuordnung treten in unterschiedlichen Betrachtungsebenen auf, so bei der Maschinenaufstellung in der Werkstatt, der Frage nach der Anordnung von Bereichen in Unternehmen (wo u.a. die oben angeführte Strukturtypbestimmung weiter zu präzisieren ist), oder gar der Suche nach einem günstigen Standort für ein Unternehmen (Fabrikstandort). Bei der hier herausgestellten „Flussoptimierung" gelten die Problem- und Verfahrensbeschreibungen für alle diese Ebenen. Deshalb werden (wie auch bereits an anderer Stelle) in verallgemeinernder Form die relevanten Betrachtungsgegenstände bei der Objekt-Platz-Zuordnung wie folgt bezeichnet:

Objekt Ob_i:

Sammelbegriff für anzuordnende Elemente (Maschinen, Handarbeitsplätze, Büroarbeitsplätze, Werkstatt / Produktionsbereiche, Lager, Betriebsteile, Betrieb bzw. Fabrik usw.)

Standort S_j:

Geeigneter Ort bzw. geeignete Fläche zur Aufnahme eines Objektes.

Festpunkt[27] F_k:

Objekt mit feststehendem Standort, dessen Beziehungen zu den anzuordnenden Objekten die Anordnung beeinflussen.

Die Auswahl des Standortes unter Berücksichtigung *aller* relevanten Einflussgrößen ist mit einem exakten, komplexen Berechnungsverfahren oder -programm gegenwärtig nicht möglich. Die meisten Verfahren bzw. Programme zur Objekt-Platz-Zuordnung (räumlichen Zuordnung) beschränken sich auf ausgewählte Einflusskriterien.

Den Schwerpunkten der Praxis entsprechend sind Modelle zur Optimierung des „Beziehungsaufwandes", hier vor allem des Transportaufwandes, am weitesten verbreitet. Da sich die Transportkosten proportional zur

---

[27] Neben dieser für die Zuordnung zutreffenden Begriffsfestlegung wird in der Fabrikplanung unter „Festpunkt" auch ein bauliches oder anlagentechnisches Element verstanden, dass wegen des hohen Umstellungsaufwandes möglichst keinen Veränderungen unterworfen wird

Transportleistung (Transportweg x Transportmenge/Zeiteinheit) verhalten, soll an dieser Stelle auf die Problematik der Transportleistungsminimierung eingegangen werden.

Ein häufiges Anliegen ist die Um- und Neugestaltung von Werkstätten. Hier wird die grundlegende Anordnungsstruktur durch eine Flussorientierung (meist Materialflussoptimierung[28]) bestimmt, wobei dies in engem Zusammenhang mit dem vorliegenden oder zu wählenden Strukturtyp (auch als „Fertigungsprinzip" bzw. „Fertigungsform" bezeichnet) steht.

Darüberhinaus können durch Betriebsmittel geprägte Anforderungen (z.B. Kreisanordnung in Verbindung mit dem Einsatz von Industrierobotern oder Säulendrehkranen; Linienanordnung bei Anbindung an entsprechende Fördermittel) bzw. eine Clusterbildung (siehe auch Gruppenfertigung, Segment-, Fraktal- bzw. Modulbildung) zu entsprechenden Strukturen bzw. Zuordnungen führen (siehe dazu später im Kapitel 7 „Layoutplanung").

Die zu lösenden Aufgabenstellungen sind sehr vielgestaltig. Erst die exakte Beschreibung des Zuordnungsproblems erlaubt den richtigen Einsatz des geeigneten Verfahrens. Hier hat sich die in Tabelle 7 beschriebene systematische Einordnung bewährt (siehe dazu auch /FRÖ FP/).

Eine wesentliche Unterscheidung bei der Mehr-Objekt-Zuordnung ist die nach der Art der Beziehungen zwischen Objekten und Festpunkten. Dies muss bei der Problembeschreibung unbedingt beachtet werden, um auch das tatsächlich geeignete Verfahren einsetzen zu können[29].

Ausgangspunkt für das **lineare Zuordnungsproblems** ist die Zielfunktion:

$$Q = \sum_{i}^{z_{Ob}} \sum_{j}^{z_S} Q_{i,j} \times X_{i,j} \Rightarrow Min$$

Q   Gesamttransportleistung in t x m/h;
(Paletten x m/Schicht o.ä.)
z_{Ob} Anzahl der Objekte

---

[28] Mit einer Materialflussanalyse des Ist-Zustandes (siehe/VDI 2498/, /VDI 2689/, /VDI 4455/ und /VDI 3330/) können meist vielfältige Anregungen für Verbesserungen gewonnen werden.
[29] Für die Ein-Objekt-Zuordnung trifft nur das lineare Zuordnungsmodell zu

z_S Anzahl der Standorte

$Q_{i,j}$ aufzubringende Transportleistung, wenn Objekt Ob_i auf Standort S_j angeordnet wird in t x m/h; (Paletten x m/Schicht o.ä.)

$$Q_{i,j} = I_{i,j} \times s_{j,k}$$

$I_{i,j}$ Transportintensitäten zwischen Ob_i und F_k in t/h; (Paletten/Schicht o.ä.)

$s_{j,k}$ Transportwege zwischen S_j und Festpunkten F_k in m; (m, km o.ä.)

$X_{i,j}$ Entscheidungsvariable

$X_{i,j} = 1 \Rightarrow$ angeordnet;

$X_{i,j} = 0 \Rightarrow$ nicht angeordnet

Mit den Nebenbedingungen wird die eindeutige Zuordnung der Objekte auf die Standorte definiert:

$$(1) \sum_{i}^{z_{Ob}} X_{i,j} = 1 \quad \textit{für} \quad j = 1, 2 \dots z_S$$

$$(2) \sum_{j}^{z_S} X_{i,j} = 1 \quad \textit{für} \quad i = 1, 2 \dots z_{Ob}$$

Dabei bedeutet die Nebenbedingung (1), dass pro Zeile nur eine Belegung erfolgen darf. Mit der Nebenbedingung (2) wird zum Ausdruck gebracht, dass je Spalte nur eine Belegung zulässig ist (siehe auch Abb. 36).

S_j \ Ob_i	1	2	3	4	Σ
1	0	1	0	0	1
2	0	0	0	1	1
3	1	0	0	0	1
4	0	0	1	0	1
Σ	1	1	1	1	

Abbildung 36   Zuordnungsmatrix

**Tabelle 7   Einteilungsgesichtspunkte für Objekt-Platz-
Zuordnungsprobleme und Verfahren**

Einteilung der Zuordnungsprobleme und -verfahren nach:	
... der Objektanzahl	▷ ein Objekt ist zuzuordnen (Ein-Objekt-Zuordnung)
	▷ mehrere Objekte sind zuzuordnen (Mehr-Objekt-Zuordnung)
... der Art der Beziehungen zwischen Objekten und Festpunkten	▷ nur Beziehungen zwischen den anzuordnenden Objekten und Festpunkten (Lineares Zuordnungsmodell)
	▷ nur Beziehungen der Objekte untereinander (Quadratisches Zuordnungsmodell)
	▷ Sowohl Beziehungen zwischen Objekten und Festpunkten als auch Beziehungen zwischen den Objekten (Gemischtes Zuordnungsproblem)
... der Art der Platzzuweisung	▷ Standorte sind vorgegeben (Diskrete Platzzuweisung)
	▷ es sind keine Standorte vorgegeben (Kontinuierliche Platzzuweisung)
... dem Verhältnis der Standortanzahl z_S zur Objektanzahl z_{Ob}	▷ $z_S = z_{Ob}$ (Eingeschränkte Platzwahl)
	▷ $z_S > z_{Ob}$ (Uneingeschränkte Platzwahl)
... der Einbeziehung unterschiedlichster Einflusskriterien	▷ Beziehungen
	▷ Störfaktoren
	▷ Standorteignung
	▷ Kombination

Eine Besonderheit des **quadratischen Zuordnungsproblems** ist, dass durch die existierenden Beziehungen zwischen den Objekten in der Zielfunktion jeweils eine paarweise Betrachtung vorgenommen werden muss, was in der folgenden Zielfunktion verdeutlicht wird:

$$Q = \sum_{j1} \sum_{j2} \sum_{i1} \sum_{i2} I_{i1i2} \times s_{j1j2} \times X_{i1j1} \times X_{i2j2} \Rightarrow Min$$

Ii_{1i2} Transportintensität zwischen Objekt i_1 und Objekt i_2

s_{j1j2} Transportweg zwischen Standort j_1 und Standort j_2

X_{i1j1} Entscheidungsvariable, die angibt, ob Ob_{i1} auf Standort S_{j1} angeordnet ist

X_{i2j2} Entscheidungsvariable, die angibt, ob Ob_{j2} auf Standort S_{j2} angeordnet ist

Zur Lösung von Aufgaben der Objekt-Platz-Zuordnung aus Sicht der Materialflussoptimierung gibt es eine Vielzahl von manuellen und rechnergestützten Verfahren, die allerdings nur in wenigen Fällen über die Transportaufwands-Minimierung hinausgehen, d.h. die Flussoptimierung bezieht sich in der Regel auf den Stofffluss, meist den Materialfluss.

Der Fabrikplaner bekommt durch diese Verfahren zumindest eine Grundorientierung für die Anordnung als Basisvariante, die bei der nachfolgenden Layoutgestaltung unter Berücksichtigung weiterer Faktoren „verfeinert" wird. Mit dieser Vorgehensweise erhält der Materialfluss, der in den meisten Werkstätten und Fabriken einen relevanten Kostenfaktor darstellt, entsprechendes Gewicht. Ausgewählte Objekt-Platz-Zuordnungsverfahren werden im nachfolgenden Kapitel noch vorgestellt. Diese Verfahren haben sowohl bei der Werkstättenplanung als auch bei der Fabrikplanung des Gesamtbetriebes ihren Einsatzbereich[30]. Lediglich die Betrachtungsebene der Objekte verändert sich.

---

[30] Zu Verfahren siehe auch in /SCH 1995/ und /GRU 2009/

6.4 Ausgewählte Lösungsverfahren

Hier soll auf zwei Verfahren zur Lösung des linearen Zuordnungsproblems (Enumerationsverfahren für Ein-Objekt-Zuordnung und Ungarisches Verfahren) und ein Verfahren des quadratischen Zuordnungsproblems (Dreiecksverfahren) eingegangen werden.

- **Ein-Objekt-Zuordnung** (lineares Zuordnungsmodell bei diskreter Platzzuweisung):

Beispiel:

Gesucht ist der Standort eines Zentrallagers (Ob_i) mit dem geringsten Transportaufwand zu insgesamt 5 Produktionsbetrieben (F_k).

Gegeben sind 3 Auswahlstandorte $S_{1...3}$ (d.h. für die Standortauswahl geeignete Standorte), auf denen das zentrale Lager angeordnet werden könnte, sowie die Lage der 5 Festpunkte $F_{1...5}$ (Produktionsstandorte), von denen Transportbeziehungen (Transportintensitäten) zu dem zentralen Lager bestehen.

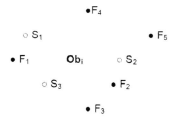

Intensitätsvektor in t/d:

Ob_i \ F_k	1	2	3	4	5
1	2	7	5	1	6

Entfernungsmatrix in km:

F_k / S_j	1	2	3	4	5
1	2	5	6	3	7
2	5	2	3	2	2
3	3	3	3	4	6

Mit der Multiplikation des Intensitätsvektors mit der Entfernungsmatrix erhält man die Transportleistung, die bei Anordnung auf dem jeweiligen Standort aufgebracht werden. Demnach ist der Standort 2 mit der geringsten Transportleistung auszuwählen.

F_K / Ob	1
1	2
2	7
3	5
4	1

Intensitätsvektor in t / ZE

F_K / S	1	2	3	4	5	6
1	2	5	6	3	7	114
2	5	2	3	2	2	53
3	3	3	3	4	6	82

Transportleistung in $t . km / ZE$

Entfernungsmatrix in km

Übungsbeispiel:

Ob$_i$ / F$_k$	1
1	3
2	6
3	4
4	2
5	5

Transport-intensitäts-vektor in Paletten/Schicht (Pal/Sch)

F$_k$ / S$_j$	1	2	3	4	5
1	3	6	7	4	8
2	6	3	4	3	3
3	2	2	3	4	5

Transportwegmatrix in Metern (m)

- **Ungarisches Verfahren:**

Die Problembeschreibung ist gekennzeichnet durch folgende Sachverhalte:

- Mehr-Objekt-Zuordnung
- diskrete Platzzuweisung
- lineares Zuordnungsproblem (d.h. nur Beziehungen zwischen den anzuordnenden Objekten und Festpunkten)
- Standortanzahl = Anzahl der Objekte
- Nur Einbeziehungen der Materialflussbeziehungen

Das Verfahren kommt z.B. zum Einsatz, wenn nur zwischen Produktionsbereichen (den anzuordnenden Objekte Ob$_i$) und dezentralen Produktionslagern (den Festpunkten F$_k$) mit festliegenden Standorten die Ob$_i$ so auf vorhandenen Standorten S$_j$ angeordnet werden sollen, dass die Gesamttransportleistung minimal wird.

Verfahrensablauf und Beispielrechnungen Abb. 37, 38 und 39.

Grundlage für dieses Verfahren ist die Bestimmung einer Transport-leistungsmatrix, genannt Ausgangsmatrix M 0, die in den nachfolgenden

Schritten so umgewandelt wird, dass die Elemente erkennbar werden, die eine optimalen Zuordnung bedeuten (d.h. zu einer minimalen Gesamttransportleistung führen). Nach bestimmten Regeln (siehe Abb. 37) werden die Zeilen- und Spaltenelemente so umgewandelt, dass so genannte Nullelemente (d.h. Elemente in der Matrix, wo die Transportleistungsmatrix = 0 ist) entstehen. Die optimale Zuordnung ist dann die unter den genannten Nebenbedingungen (jedes Objekt bekommt nur einen Standort zugewiesen und jeder Standort nimmt nur ein Objekt auf) eindeutige Zuordnung der Nullelemente.

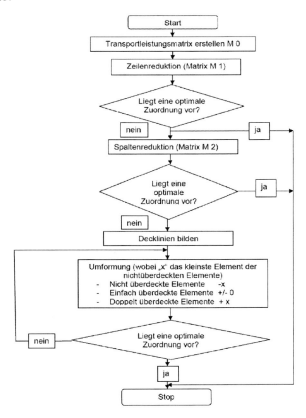

Abbildung 37   Ungarisches Verfahren / Verfahrensablauf /ROC 1982/

- Ausgangsmatrix M0 bilden:

| | [TS/SCH] | | | |
F\O	1	2	3	4
1	20	25	5	45
2	3	18	20	10
3	5	15	25	0
4	15	45	5	10

Erläuterungen:

F	Festpunkte
S	Standorte
O	Objekte
TS	Transportspiel
SCH	Schicht
m	Meter

[m]

S\F	1	2	3	4
1	1	2	4	3
2	3	0	0	5
3	1	1	2	6
4	0	0	5	4

91	256	160	95
135	300	40	185
123	343	105	115
85	255	145	40

M0

- Kleinstes Element in jeder Zeile markieren

S\O	1	2	3	4
1	(91)	256	160	95
2	135	300	(40)	185
3	123	343	(105)	115
4	85	255	145	(40)

M0

- Zeilenreduzierte Matrix M1

-91
-40
-105
-40

S\O	1	2	3	4
1	0	(165)	69	4
2	95	260	0	145
3	18	238	0	10
4	45	215	105	0

M1

- es liegt noch keine optimale Lösung vor!

- Spaltenreduktion (hier: Spalte 2) -165
- Prüfung auf optimale Lösung (Decklinien-bildung)

S\O	1	2	3	4
1	[0]	0	69	4
2	95	95	[0]	145
3	(18)	73	0	10
4	45	50	105	[0]

M2

- Umformung der Matrix M2 in M3 nach bestimmten Regeln
- Prüfung auf optimale Lösung

S\O	1	2	3	4
1	0	[0]	87	22
2	77	77	[0]	145
3	[0]	55	0	10
4	27	32	105	[0]

M3

- hier liegt optimale Lösung vor!

Abbildung 38   Ungarisches Verfahren / Beispiel

Objekt 1 auf Standort 3   Objekt 2 auf Standort 1

Objekt 3 auf Standort 2   Objekt 4 auf Standort 4

Strukturierung

t/ZE

F_K \ Ob_i	1	2	3	4	5
1	3	2	3	6	2
2	2	0	2	2	1
3	3	0	3	4	2
4	0	1	2	0	4
5	2	2	0	3	1

S_j \ F_K	1	2	3	4	5	1	2	3	4	5
1	7	5	2	1	5		25	39	75	32
2	6	4	3	2	6	47	26	39	74	36
3	5	1	4	3	7	43	27		69	38
4	8	6	2	2	2	46	22	46		36
5	9	7	3	3	1	52		56	83	44

$m \times 10^2$

$t \times m \times 10^2 / ZE$

Abbildung 39   Ungarisches Verfahren / Übungsbeispiel

- **Modifiziertes Dreiecksverfahren:**

Die Problembeschreibung ist gekennzeichnet durch:

- Mehr-Objekt-Zuordnung
- kontinuierliche Platzzuweisung
- quadratisches Zuordnungsproblem (d.h. Beziehungen zwischen den anzuordnenden Objekten liegen vor)
- Standortanzahl > Anzahl der Objekte
- Nur Einbeziehungen der Materialflussbeziehungen

Bei dem Modifizierten Dreiecksverfahren (MDV) handelt es sich um ein Aufbauverfahren. Schmigalla (/SCHM 1970/ und /SCHM 2005/) hat ein ursprünglich nur grafisches Lösungsverfahren weiterentwickelt.

Das Verfahren verdankt seinen Namen der Tatsache, dass Objekte sukzessive in ein Raster von gleichseitigen Dreiecken angeordnet werden müssen. Diese werden in den Eckpunkten der Dreiecke, den sog. Rasterschnittpunkten, schrittweise so eingetragen, dass Objekte mit hohen Transportaufwänden (Transportintensitäten) möglichst nah zueinander angeordnet werden und damit letztlich eine „Minimierung" der Transportleistung (d.h. große Transportintensitäten werden kurzen Wegen zugeordnet) erfolgt (Abb. 40).

Zur Vereinfachung des Verfahrens gilt:

- ➢ Objektflächengrößen bleiben unberücksichtigt
- ➢ räumliche Restriktionen innerhalb des Anordnungsareals (bauliche Bedingungen, Transportwege usw.) bleiben unberücksichtigt

noch nicht angeordnete Obj

Ob	1	2	3	4	5
1	0	700	100	400	200
2	700	0	0	300	600
3	100	0	0	[800]	0
4	400	300	[800]	0	100
5	200	600	0	100	0
3	100	0	–	–	0
4	400	300	–	–	100
Σ	500	300	–	–	100
1	–	700	–	–	200
Σ	–	1000	–	–	300
2	–	–	–	–	600
5	–	–	–	–	–

(linke Randbeschriftung: angeordnete Objekte)

Transportintensitätsmatrix

ungerichtet in t/ZE; Pal./ZE; . . .

- Matrix spiegeln

- Objekte suchen, zwischen denen max. $I_{i,j}$ vorliegt

- Ob, werden "angeordnete Ob, ",

- Zeilen übertragen
  (Transportintensitäten zu noch nicht angeordneten Objekten)

- max. Summe ——→
  nächstes Objekt; bei gleicher Summe

  a) Objekte mit max. Anzahl von Beziehungen

  b) wenn wiederum Gleichheit, wähle Objekt mit max. Anzahl von Beziehungen zu bereits angeordneten Objekten

- nach der Bestimmung der Anordnungsreihenfolge Objektanordnung im Dreiecksraster unter Berücksichtigung aller Transportbeziehungen

Anordnungsreihenfolge :

3 – 4 – 1 – 2 – 5

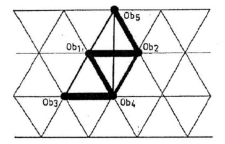
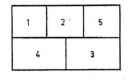

Abbildung 40 **Modifiziertes Dreiecksverfahren nach Schmigalla /SCHM 2005 /**

Übungsbeispiel:

Transportintensitätsmatrix in Paletten / Schicht

	FSS	SA	DLZ	FW	MO	BKR
FSS		3		3	1	
SA	3		2			4
DLZ		2			7	6
FW	3				1	
MO	1		7	1		5
BKR		4	6		5	

Anordnung im Dreiecksraster:

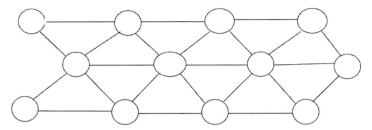

Die für das Dreiecksverfahren zu lösende Problemstellung (quadratisches Zuordnungsproblem) ist bei der Maschinenanordnung in der Praxis häufig zutreffend. Deshalb hat dieses Anordnungsverfahren auch nach wie vor eine breite Anwendung (siehe z.b. Fabrikplanungstisch VISTABLE in Kapitel 3.2). Zu beachten ist, dass mit der Punktanordnung im Dreiecksraster, die allein dem Grundanliegen der Transportleistungsminimierung folgt, lediglich eine Orientierung gegeben ist, die unter Berücksichtigung weiterer, die Anordnung beeinflussender Faktoren (siehe auch unter 7 Layoutplanung), letztlich zu einem praxistauglichen Maschinenaufstellungsplan bzw. Fertigungsstätten-layout führt.

Zu überlegen ist bei der Festlegung zu betrachtender, in die Rechnung einzubeziehender Objekte, inwieweit dabei bereits eine Clusterbildung (sinnvolle Gruppenbildung) berücksichtigt werden sollte.

7 Layoutplanung
7.1 Grob- und Feinlayout

Ein informatives, zusammenfassendes, anschauliches und aussagekräftiges Ergebnis im Rahmen der Projektbearbeitung bzw. der Projektunterlagen ist das **Layout**, wobei hier das **Fertigungsstättenlayout**[31] im Vordergrund stehen soll.

Die von Rockstroh /ROC 1982/ als Begründer der „Technologischen Betriebsprojektierung"[32] an der TU Dresden schon vor längerem vorgeschlagene Definition für das Layout einer Fertigungswerkstatt als:

> „bildliche Darstellung eines Produktionsprozesses (räumlich konzentriert in einer Fertigungswerkstatt) in zwei oder drei Dimensionen unter besonderer Berücksichtigung der im Prozess tätigen Menschen, der anlagentechnischen Einflussfaktoren, des Industriebauwerkes und der Flusssysteme"

hat heute noch ihre Gültigkeit, auch wenn die Benennung von Einflussgrößen sicherlich nicht vollumfassend sein kann.

Mit Bezug auf die genannte Ebene heißt es bei /ROC 1976/ an anderer Stelle weiter:

„Das Werkstattlayout ist die Widerspiegelung der sich im Projekt niederschlagenden Parameter und deren gegenseitige Abstimmung aufeinander. Es ist immer nur ein Bestandteil der Gesamtkonzeption eines Industriebetriebes und muss daher auch diese Unterordnung zum Ausdruck bringen" /ROC 1976/.

Vereinfachend definiert Grundig /GRU 2009/ wie folgt:

---

[31] Zum Betriebslayout siehe z.B. in /FRÖ LAY 2006/
[32] Heute dominiert der Begriff der **Fabrikplanung**, der den Prozess der Umstrukturierung bzw. Rekonstruktion, Erweiterung und Neuplanung komplexer Produktionsstätten (Fertigungswerkstätten, Fabriken, Betriebe) mit deren Haupt-, Hilfs- und Nebenbereichen umfasst. Dabei stehen vor allem das menschzentrierte und technologiebezogene Vorausdenken, die Bestimmung der Funktion, das Dimensionieren, Strukturieren und Gestalten zu errichtender und zu verändernder Fabriken und deren Struktureinheiten im Vordergrund.

„(Ein) Layout ist die grafische Darstellung räumlicher Anordnungsformen und Funktionseinheiten unterschiedlichen Abstraktionsgrades (Bereiche, Arbeitsplätze, Lager usw.)"

Schmigalla /SCHM 2005/ schließlich bringt die verallgemeinernde Form für die Definition des Layouts als:

„... die körperliche Anordnung von industriellen Anlagen, sei es in Wirklichkeit oder auf Plänen (Anordnungs-, Aufstellungs- oder Einrichtungsplan)"

Dem Stufengrundsatz der Fabrikplanung folgend empfiehlt es sich, bei Neuplanung die Layout-Erarbeitung in unterschiedlichen Detaillierungen vorzunehmen.

Geht es also im Rahmen einer Zielplanung bzw. Studie zunächst um die Generation und Auswahl verschiedenartiger Konzepte für Layoutvarianten, dann genügt es, im Rahmen eines **Groblayouts** (Blocklayouts) der Objekte (Sammelbegriff für Maschinen, Anlagen, Arbeitsplätze, Bereiche usw.) Klarheit über prinzipielle Lösungen zu finden (Abb. 41).

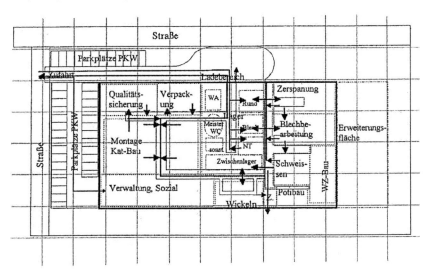

Abbildung 41   Blocklayout

Voraussetzung für eine Bewertung und Variantenauswahl ist, dass in diesem Blocklayout wesentliche, das Layout bestimmende Einflussgrößen ausgewiesen werden (z.b. relevante Flussbeziehungen, Erweiterungsmöglichkeiten, Außenverkehrsanbindung, Beeinträchtigungen usw.). Rockstroh /ROC 1976/ hat für eine solche idealisierte Grobdarstellung ein sogenanntes „Zonenprojekt" vorgeschlagen, in dem Zonen einer Fabrik, wie z.b.:

- die Produktionszone
- die Lager- und Versandzone
- Verkehrszone
- Energieversorgungszone
- Zone der gesamtbetrieblichen Einrichtungen (Verwaltung. Sozialbereiche, Speiseräume usw.) und
- Schutzzone

mit den wichtigsten inneren und äußeren Beziehungen dargestellt sind, um so überschaubare Entwürfe zu generieren (Groblayout).

Es darf daran erinnert werden (siehe Kapitel 3.2), dass mit den bereits diskutierten Fabrikkonzepten zur fraktalen bzw. segmentierten Fabrik, der menschzentrierten Fabrik, Kommunikationsspine und Innovationszentren dieses Zonenkonzept Modifikationen erfahren kann. Bei diesen Grobdarstellungen wird auch von einem idealen Layout gesprochen, weil zunächst die detaillierten Gegebenheiten am Standort unberücksichtigt bleiben.

Wesentlich detaillierter wird das **Feinlayout** erstellt (Abb. 42). Hier sind die Konturen der 2-D-oder 3-D-Modelle maßstabsgerecht ausgeprägt, die Mindestabstände, baulichen Maße oder Verkehrswege und alle sonstigen Details sind so im Layout berücksichtigt, dass damit z.B. die Grundlage für die Ableitung von Aufgabenstellungen für die Spezialgewerke (bauliche Gestaltung, Zu- bzw. Anordnungen, Anschlüsse, Arbeitsumweltbedingungen usw.) gegeben ist.

Das Feinlayout ist somit die zentrale Arbeits- und Entscheidungsgrundlage für die:

- Standortauswahl sowie die bauliche Umsetzung (bei Neuplanungen)
- Diskussion mit allen Beteiligten
- Ableitung der Aufgabenstellungen für Spezialgewerke (Haus- und Versorgungstechnik, Sonderbereiche)
- Projektrealisierung (Projektmanagement) und Dokumentation

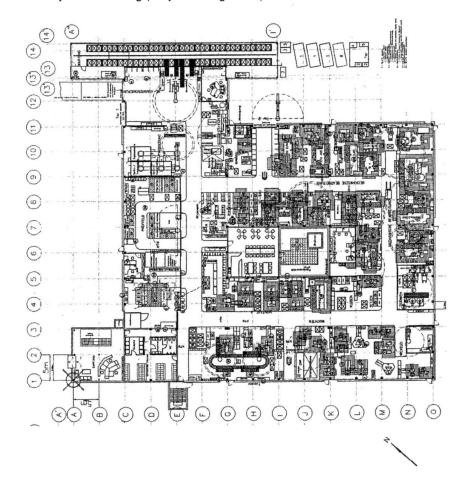

Abbildung 42   **Feinlayout - Mechanische Bearbeitung in einem Elektromaschinenbauunternehmen /KFKV 1998/**

7.2 Zielstellungen bei der Layoutgestaltung

Wie die noch zu erörternde Vielfalt der Einflussfaktoren zeigen wird, sind die in anfangs genannter Definition zu berücksichtigenden Sachverhalte nur als einige wichtige Beispiele zu verstehen. Es soll an das Zieldreieck (siehe Kapitel 2.1 Gegenstand und Ziele) für ein Fabrikplanungsprojekt erinnert werden, welches entsprechende Bezüge zum Layout aufzeigt. Letztlich können eine große Fülle von Kriterien zu den Komplexen Mensch, Technik, Organisation, Arbeitsschutz, Arbeitssicherheit und Umwelt[33] für das Layout von Einfluss sein. An die Fertigungsstättenplanung werden also im Zusammenhang mit der Layoutgestaltung vielfältige Forderungen verknüpft.

Ausgehend von den generellen Zielstellungen der Fabrikplanung, die letztlich in dem Anspruch „Wettbewerbsfähigkeit" münden, sind solche allgemeingültigen Forderungen wie Qualität, Sicherung der Wirtschaftlichkeit, Zeiteinsparung, Förderung der Leistungsbereitschaft, Wandlungsfähigkeit bzw. Reaktionsgeschwindigkeit u.v.a. auch mit dem Fertigungsstättenlayout umzusetzen.

Im Detail drückt sich dies vor allem in folgenden Anforderungen bei der Layoutgestaltung aus:

- die Realisierung eines menschzentrierten Produktionskonzeptes (Gruppenorientierung, Segmentierung, Fraktalbildung, Bildung von Kompetenzzellen, Kommunikationsspine, Innovationszentren)
- eine optimale Flussgestaltung (optimaler Fertigungsfluss mit den Komponenten Stofffluss, eingeschlossen Materialfluss, Medienfluss und Abfallfluss sowie Informationsfluss, Personenfluss und Energiefluss bis hin zum Wertstrom)
- hohe Wandlungsfähigkeit, Flexibilität, Mobilität (d.h. Konzepte für Flächen, Räume und Anlagen so, dass künftige Produkt- und Prozessveränderungen mit möglichst geringen Aufwendungen vollzogen

---

[33] Zum Problemkreis umweltgerechter Fabrikplanung siehe z.B. in /FRÖ FABÖ/

werden können. Die Planung von Erweiterungskonzepten muss bereits von Beginn an eingeschlossen sein. Vermeidung baulicher und technologischer Festpunkte)

- Gewährleistung guter, leistungsfördernder Arbeitsbedingungen (optimale künstliche bzw. natürliche Beleuchtung, ausreichende Sichtbeziehungen nach außen, angenehmes Raumklima, Vermeidung von Arbeitsumweltbelastungen)
- Einhaltung aller ergonomischen, arbeitsschutz-, gesundheitsschutz-, brandschutz-, explosionsschutz- und umweltbezogenen Anforderungen. Die Einhaltung relevanter einschlägiger Gesetze, Verordnungen, Normen und Richtlinien ist Grundvoraussetzung für eine ordnungsgemäße Layoutplanung. Nachhaltiger Umweltschutz (Ressourcenschonung, Vermeidung von Umweltbelastungen in Einheit von Ökonomie, Ökologie und Sozialem) muss bereits bei der Fertigungsstättenplanung beginnen
- gute Flächen- und Raumnutzung
- Gewährleistung der Wartung / Reparatur / Funktionserhaltung
- kostengünstige Lösung

Diese Zielstellungen müssen letztlich im Gestaltungsprozess umgesetzt werden. Die „optimale" Gestaltung des Fertigungsstättenlayouts setzt voraus, dass die vielfältigen Einflussfaktoren bekannt sind und die im konkreten Fall zutreffenden Kriterien mit ihren zum Teil widersprechenden Anforderungen bei Abwägung aller Vor- und Nachteile möglichst so in die Layoutgestaltung einfließen, dass letztlich eine ausgewogene, gute Gesamtlösung zu erwarten ist. Dem Geschick und der Erfahrung des Fabrikplaners unterliegt es, die differenzierten Anforderungen in einem tragfähigen Kompromiss zu vereinen.

Zur Unterstützung des Entscheidungsprozesses können Bewertungsverfahren (Kapitel 3.1) einbezogen werden.

7.3 Einflussgrößen und Gestaltungshinweise
7.3.1 Der Mensch im Produktionsumfeld / Abstandsmaße

In diesem Kapitel können nur ausgewählte Aspekte bei der Layoutgestaltung erläutert werden. Bereits im Kapitel 2.2 „Rahmenbedingungen" ist auf unbedingte Gesetzeskonformität hingewiesen worden. Die dort genannten Anforderungen zum Arbeitsschutz, zur Arbeitsstättengestaltung, zur Betriebssicherheit und zum Umweltschutz sind bei der Layoutgestaltung entsprechend einzuhalten. Eine wichtige Rolle spielt der Mensch im Produktionsumfeld.

Auch wenn im Regelfalle viele prägenden Bauwerksparameter (z.B. Raummaße) oft maßgeblich von den Betriebseinrichtungen bzw. Objekten (Maschinen und Ausrüstungen, Transport- und Umschlagmitteln, Haus- und Versorgungstechnik) ausgehen, sind die menschbestimmten Einflussgrößen vor allem unter dem Aspekt der sozialen Aspekte zu überprüfen und es ist sicherzustellen, dass menschbezogene, bauwerks- und layoutbeeinflussende Parameter nicht vernachlässigt werden.

Erinnert werden soll vor allem an die aus dem Arbeitsstättenrecht[34] resultierenden Mindestanforderungen mit Layout-Bezug, so:

- zur Raum-Geometrie (Mindestluftraum, ausreichende lichte Raumhöhe, Mindestabstände, Maximalentfernungen ins Freie bzw. differenzierte Länge und Breite von Flucht- und Rettungswegen in Verbindung mit Türöffnungen, Fenster/Sichtverbindungen[35])

- zur Verkehrsweggestaltung (Sicherheitsabstände)

- zur allgemeinen Gefahrenabwehr (Unfallvermeidung, z.B. Absturzverhinderung; Brandschutzeinrichtungen)

---

[34] Siehe dazu auch Festlegungen in den Landesbauordnungen der Länder

[35] Die detaillierten Forderungen zur Größe von Tageslichtöffnungen in der alten Arbeitsstättenrichtlinie ASR 7/1 „Sichtverbindung nach außen" sind nach der aktuellen Arbeitsstättenverordnung /ArbStättV 2010/ nicht mehr verbindlich, können aber noch als Planungshilfe bzw. Vorgabe für Normen dienen. Dieser Sachverhalt ist inzwischen in der DIN 5034-1 „Tageslicht in Innerräumen, Teil 1 Allgemeine Angaben" aufgenommen worden.

- zur Einordnung, Lage und Dimensionierung von Sanitär- und Sozialräumen (Umkleideräume, Waschräume, Toilettenräume, Pausenräume, Liegeräume, Erste-Hilfe-Räume) sowie

- zur Gestaltung optimaler Arbeitsumweltbedingungen (Lärm / zulässiger Schalldruckpegel – z.b. Kapselung; Klimaanforderungen – z.b. räumliche Abtrennnung; Künstliche Beleuchtung / Tageslichtbeleuchtung - Maschinenanordnung)

Zu baulichen Konsequenzen führen auch progressive Fabrikkonzepte, die durch spezifische Kommunikationszentren (Kommunikationsspine, produktionsnahe Bereiche, „Denkräume", Innovationszentren usw.) und damit integrative Büro-, Verwaltungs- bzw. Sozialbereichseinordnung strukturbeeinflussend bzw. für das Layout relevant sind.

Bei der Objekt-Darstellung im Layout ist mit der Angabe der Haupt- und Nebenbedienstelle am 2-D-Modell ein konkreter Hinweis zur Stellung der Arbeitskräfte am Arbeitsplatz gegeben. Mit entsprechenden Symbolen für die Arbeitskraft ist weiter klarzustellen, inwieweit die Bedienung durch eine Person oder mehrere Personen vorgenommen wird oder ob eine Mehrmaschinenbedienung vorliegt (Abb. 43). Bei Mehrmaschinenbedienung ist bei der Arbeitsplatz- und Bereichsgestaltung den spezifischen Anforderungen an Zugänglichkeit, kurzen Bedienwegen und günstigen Materialfluss nachzukommen.

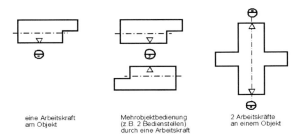

eine Arbeitskraft am Objekt

Mehrobjektbedienung (z.B. 2 Bedienstellen) durch eine Arbeitskraft

2 Arbeitskräfte an einem Objekt

Abbildung 43   Kennzeichnung der Arbeitskräfte im Layout

Wichtig ist die Beachtung des Mindestplatzbedarfs bzw. die Berücksichtigung von Mindestabständen der Objekte zueinander bzw. zur Nachbarschaft (Verkehrswege, bauliche Elemente usw.). Die Dimensionierung dieser Abstandsmaße steht in engem Zusammenhang mit den Funktionsflächen der Maschinen und Anlagen, den Körperhaltungen der Menschen am Arbeitsplatz und den spezifischen Nachbarbereichen bzw. –objekten (siehe auch Kapitel 5.2 „Flächendimensionierung" und /FRMA 1994/).

Nach der alten Arbeitsstättenverordnung[36] wurden nach § 24 zur „Bewegungsfläche am Arbeitsplatz" folgende Anforderungen gestellt:

„(1) Die freie unverstellte Fläche am Arbeitsplatz muss so bemessen sein, dass sich die Arbeitnehmer bei ihrer Tätigkeit unbehindert bewegen können. Für jeden Arbeitnehmer muss an seinem Arbeitsplatz mindestens eine freie Bewegungsfläche von 1,50 m^2 zur Verfügung stehen. Die freie Bewegungsfläche soll an keiner Stelle weniger als 1,00 m breit sein.

(2) Kann aus betrieblichen Gründen an bestimmten Arbeitsplätzen eine freie Bewegungsfläche von 1,50 m^2 nicht eingehalten werden, muss dem Arbeitnehmer in der Nähe des Arbeitsplatzes mindestens eine gleich große Bewegungsfläche zur Verfügung stehen."

In der zu erwartenden Arbeitsstättenregel ASR A1.2 „Raumabmessungen und Bewegungsmaße" (Entwurfsstadium) sind konkrete Angaben zu erwarten.

Eine Vielzahl von Veröffentlichungen zu Richtwerttabellen geht vereinfachend bei der Bezugsgröße für die Abstandsmaße lediglich von:

---

[36] Die Verordnung über Arbeitsstätten vom 12. August 2004 (Bundesgesetzblatt Jahrgang 2004 Teil I Nr. 44, Seite 2179) / 8 / legt in den Übergangsvorschriften in § 8 fest, dass die im Bundesarbeitsblatt bekannt gemachten Arbeitsstättenrichtlinien bis zur Überarbeitung durch den Ausschuss für Arbeitsstätten und der Bekanntmachung entsprechender Regeln durch das Bundesministerium für Wirtschaft und Arbeit, längstens jedoch 6 Jahre nach Inkrafttreten dieser Verordnung, fort gelten (Die Überarbeitungsfrist ist mit der Ergänzung 2010 auf 2012 verschoben worden). Insofern wird im Weiteren noch auf Arbeitsstättenrichtlinien bzw. Arbeitsstättenregeln (neu) hingewiesen und empfohlen, sich jeweils zum aktuellen Stand sachkundig zu machen (siehe auch www.baua.de). Soweit bestimmte, detaillierte Regelungen im Verordnungstext aufgegeben worden sind, soll bei Sinnfälligkeit als Ausdruck des Standes der Technik hier noch auf solche Passagen verwiesen werden.

- den Objektgrundflächen der Maschinen und Anlagen sowie
- technischen (z.T. auch sicherheitstechnischen) bzw. bauseitigen Gegebenheiten aus.

Sollen auch die vom aufrechten Stehen abweichenden tätigkeitsbezogenen konkreten Arbeits- und Körperhaltungen der Menschen Berücksichtigung finden, ist ein anthropometrischer Lösungsansatz zugrunde zu legen (siehe z.b. in /FRMA 1994/). Damit werden konkrete Arbeits- und Körperhaltungen bei:

- der Ausübung einer bestimmten Arbeitstätigkeit (der Handlung) und
- in einer jeweiligen Arbeitshöhe (der Handlungsstelle)

in die Ermittlung der Abstandsmaße mit einbezogen (siehe z.b. Abbildungen 44 und 45). Auch wenn an Arbeitsplätzen die Körperhaltungen Stehen und Sitzen üblich sind und andere Körperhaltungen bzw. Zwangshaltungen vermieden bzw. nur kurzzeitig eingenommen werden sollten, sind die Körperhaltungen Stehen / gebeugt, Hocken und Knien (auf ein oder beiden Knien) nicht immer auszuschließen. Also muss der notwendige Raumbedarf:

- zum Ausüben der Arbeiten auch in oben genannten Haltungen und
- zum Hinein- und wieder Herausgelangen aus ihnen

bei der Bestimmung der Abstandsmaße berücksichtigt werden.

Für 9 Körperhaltungen (Abb. 44) sind in der Maßtabelle (Tabelle 8) Gestaltungsmaße und Bewegungsmaße zu entnehmen. Bei der Arbeitsplatzanordnung in Verbindung mit den Verkehrswegen ist grundsätzlich die Zugänglichkeit zur Werkzeugmaschine sowie allen zugehörigen Ausrüstungen und nicht zuletzt zu Transportmitteln und -hilfsmitteln zu beachten.

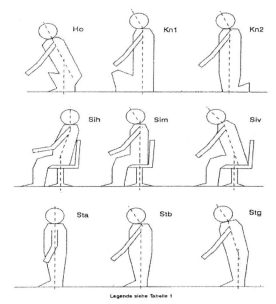

Abbildung 44   Untersuchte Körperhaltungen /FRMA 1994/

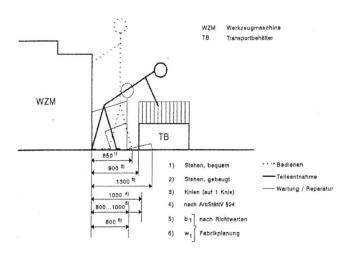

Abbildung 45   Arbeitshaltungen an einer Werkzeugmaschine /WZM) /FRMA 1994/

Die Vorgehensweise zur Ermittlung der Gestaltungsmaße unter Einbeziehung von /FRMA 1994/ und /RÖL 1990/ siehe Abb. 46.

Tabelle 8 Gestaltungsmaße / Bewegungsmaße (/FRMA 1994/ und /RÖL 1990/)

RT Abstandsmaß (Raumtiefe)   RB Raumbreite

Gestaltungsmaße

Arbeitshöhenbereich (mm)	Körperhaltung	Kurzzeichen	RT (mm)	RB (mm)
100... 700	Hocken	Ho	1150	1000 (650) **
200... 800	Knien, auf 1 Knie	Kn1	1300	1000 (650)
300... 900	Knien, auf 2 Knien	Kn2	1300	1000 (650)
700...1300	Stehen, gebeugt	Stg	1000 (900)	1000
1000...1600	Stehen, bequem	Stb	1000 (850)	1000
1300...1900	Stehen, aufrecht *)	Sta	1000 (800)	1000 (900)
600... 800	Sitzen, hinten	Sih	1150	1200
700... 900	Sitzen, mittig	Sim	1150	1200
800...1000	Sitzen, vorn	Siv	1150	1200

Bewegungsmaße

Bewegung		Kurzzeichen	Breite
Gehen	mit Haltungsanpassung	GmHA	600
Gehen	ohne Haltungsanpassung	GoHA	750
Last tragen	einseitig	Le	800
Last tragen	beidseitig	Lb	1000
Last tragen	vor dem Körper	LvK	1000

*) nur visuell
**) Klammerwerte nur verwenden,wenn die jeweiligen Arbeitsplatzbegrenzungen keine festen Begrenzungen sind (z. B. Begrenzungen durch Funktionsflächen benachbarter Maschinen)

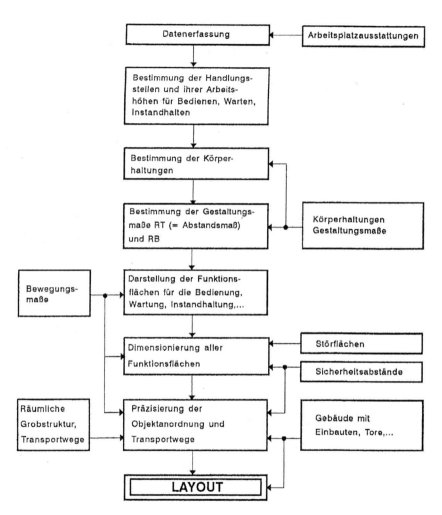

Abbildung 46 **Vorgehensweise zur Bestimmung der Abstands- und Layoutmaße /FRMA 1994/**

7.3.2 Objektdarstellung

Bei der Layoutplanung werden Objekte als vereinfachte grafische Modelle dargestellt, was eine aussagekräftige Darbietung voraussetzt.

Mit dem Einsatz von 2-D-Modellen (siehe auch im Zusammenhang mit der Erläuterung zu Funktionsflächen - Abb. 23) erhält der Fabrikplaner bereits wichtige Angaben, die für die Layoutgestaltung selbst, aber auch für die vom Spezialprojektanten benötigten Informationen genutzt werden können.

Definierte Funktionsflächen an jedem Objekt geben bei der Layoutgestaltung eine wichtige Hilfestellung zu den bereits erwähnten Abständen sowie zu möglichen Überdeckungen (Abb. 47). Bei der Einordnung der Objekte im Fertigungsstättenlayout ist besonders die äußere Überdeckung interessant.

Um die Übersichtlichkeit bei der zeichnerischen Darstellung aller Objekte zu wahren, müssen die Funktionsflächen nicht notwendigerweise im Layout ausgewiesen, sollten aber bei der Anordnung bedacht werden.

	A_G	A_B	A_W	A_R	A_Z	A_{St}	
A_G	0	0	0	0	0	0	
A_B	0	0[1]	0[5]	1[5]	0	0	
A_W	0	1	1	1	0[2]	0	Äußere Überdeckung
A_R	0	1	1	1	0[2]	0[3]	
A_Z	0	0	0[2]	0[2]	0[4]	0	
A_{St}	0	0	1	1	0	1	

Innere Überdeckung

0 nicht zulässig
1 zulässig

Ausnahmen:
1) Bei Mehrmaschinenbedienung bzw. Mehrstellenarbeit
2) Wenn Zwischenlager am Arbeitsplatz nicht ortsgebunden
3) Wenn kurzzeitige Aufhebung des Störfaktors oder Abschirmung möglich
4) Wenn gemeinsame Nutzung möglich
5) Wenn keine Behinderung erfolgt

Abbildung 47   Innere und äußere Überdeckung von Funktionsflächen /FRÖ LG 2006/

2-D-Modelle spielen bei der Layout-Feingestaltung eine zentrale Rolle.

Sie sollten alle für die Ausführungsplanung relevanten, layoutbezogenen Größen enthalten (Anschlussstellen, Aufstellungsflächen, Bewegungsflächen usw.).

Bei der Maschinenaufstellung ist im Layout auf die Zugänglichkeit über Verkehrswege, die Torgröße usw. sowie auch auf zukünftige Instandhaltungsanforderungen (Abb. 48) zu achten. Neben den Objekten selbst ist an das objektgebundene Zubehör zu denken (gegebenenfalls weiterer Arbeitstisch, Werkzeugschrank, Absaugung, Schaltschrank usw.).

Eine Zusammenstellung der von Maschinen und Anlagen ausgehenden bauwerksrelevanten Einflussgrößen zeigt Abb. 49.

Damit das Gesamtlayout übersichtlich bleibt, ist die Arbeit mit der Layertechnik zu empfehlen. Je nach Betrachtungsebene werden Informationen ein- bzw. ausgeblendet (z.B. Plan der Elektroanschlüsse, Fundamentplan, Aufstellungsbzw. Fundamentplan für Säulendrehkrane usw. als Grundlage für Spezialgewerke - siehe dazu auch später).

Im Zusammenhang mit der rechnerunterstützten Layoutplanung (siehe auch in Kapitel 3.2 „Digitale Fabrik") wird zunehmend mit 3-D-Modellen gearbeitet.

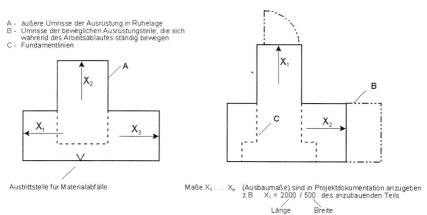

A - äußere Umrisse der Ausrüstung in Ruhelage
B - Umrisse der beweglichen Ausrüstungsteile, die sich während des Arbeitsablaufes ständig bewegen
C - Fundamentlinien

Austrittstelle für Materialabfälle

Maße $X_1 \ldots X_n$ (Ausbaumaße) sind in Projektdokumentation anzugeben z.B. $X_1 = 2000 / 500$ des anzubauenden Teils
Länge   Breite

Abbildung 48   Ausbaumaße / Reparaturflächen

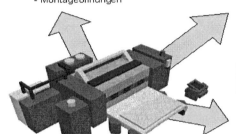

Geometrische Anforderungen
- Flächen- und Raumanforderungen (LxBxH)
- Abhängigkeiten aus logistischen Anforderungen
  - Materialflussverkettung (z.B. Entsorgung)
  - Anschlüsse (Elektro, Medien, ...)
  - Montageöffnungen

Anforderung an bauliche Abgrenzung
- Abschirmung / Isolierung
  - Kapselung / Einhausung
- technologisch erforderl. Klimabedingungen
  - Bauliche Abtrennung
- Gefahrstoffe
  - Brandschutz
  - sonst. Sicherheitsvorkehrungen
- Abluft
  - Bauöffnung

Anforderungen an den Untergrund
- Statische / Dynamische Belastung
  - Punktlasten / Flächenlasten
- Oberflächenanforderungen
  - Qualität, Ebenheit...
- sonstige Anforderungen

Abbildung 49   Bauwerksrelevante Anforderungen von Maschinen und Anlagen /FRÖKA 2008/

7.3.3   Flussbeziehungen

Einen großen Einfluss auf die Layoutgestaltung haben die Flussbeziehungen.

Der bereits erwähnten Fertigungsfluss-Komponenten:

- Stofffluss (Materialfluss, Medienfluss, Abfallfluss)

- Personenfluss

- Energiefluss und

- Informationsfluss

haben unterschiedlichen Einfluss.

Die flussgerechte bzw. flussoptimierte Gestaltung eines Fertigungsstätten-layouts ist Grundvoraussetzung für eine aufwandsarme Gestaltung künftiger Logistikprozesse. Wesentliche Ansprüche sind z.B. die kreuzungsarme, übersichtliche, geradlinige, umschlagsarme, flexible und aufwandsarme Flussgestaltung sowie die Vermeidung unnötiger Rückflüsse. Dies gilt in jeder Ebene, sowohl im Gesamtbetrieb, als auch in der Werkstatt.

Bereits bei der Integration des Blocklayouts der Fertigungswerkstatt in die Gesamtlösung sind:

- die Anbindung an der Außenverkehr
- die werksinternen Transportachsen
- Umschlagsstellen
- die Verkehrswegführung und die
- Bauwerksanordnung

zu berücksichtigen.

Der Optimierung von Personen- und Stoffflüssen (in der Regel meist herausgehoben des Materialflusses) wird bei der Layoutplanung besondere Aufmerksamkeit beigemessen.

Über die im Kapitel 6 „Strukturierung von Fertigungsstätten" erläuterten Strukturtypen (Punktstruktur, Reihenstruktur, Neststruktur, Werkstattstruktur) hinaus gibt es noch andere Aspekte, die die Grundformen der Anordnung von Objekten bestimmen können.

Für die **Linienanordnung** (Reihenanordnung) gibt es unterschiedliche Aspekte.

So können der Arbeitsgegenstand (das bearbeitete Produkt) und die darauf bezogene Operationsfolge bestimmend für die Linienanordnung sein (siehe Abb. 50). Auch das eingesetzte Transportmittel (Umlauftransportmittel, wie Schleppkettenförderer, Kreisförderer, leitliniengeführtes Flurtransportsystem) oder die unmittelbare Anbindung an ein Hochregallager mit Regalbediengerät können zur Linienanordnung führen (Abb. 51 bis 52).

Die **Dreiecksanordnung** (auch von Nestanordnung wird gesprochen), analog auch die **Kreisanordnung**, sind Anordnungsformen, die die Gruppenarbeit fördern. Hier kann das Transportmittel oder auch die geforderte räumliche Nähe bei Mehrstellenarbeit dominierend für die Anordnung sein (Abb.53 und 54).

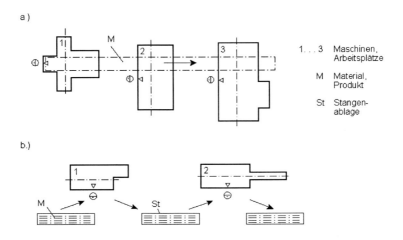

Abbildung 50   Linienaufstellung / Arbeitsgegenstand

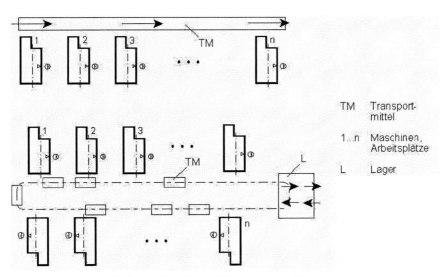

Abbildung 51   Linienaufstellung / Transportmittel

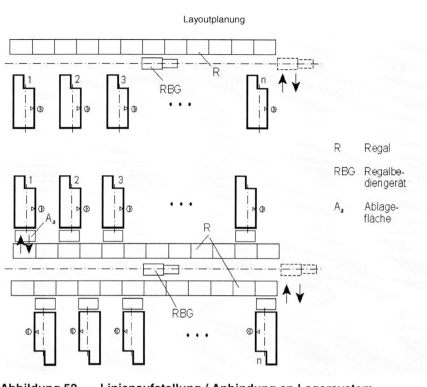

R   Regal

RBG   Regalbe-
diengerät

A_a Ablage-
fläche

Abbildung 52   Linienaufstellung / Anbindung an Lagersystem

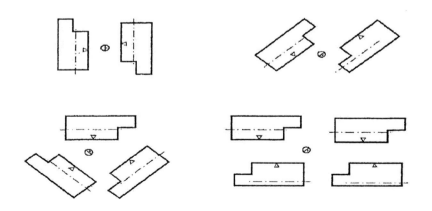

Abbildung 53   Kreis- und Nestanordnung / Mehrmaschinenbedienung

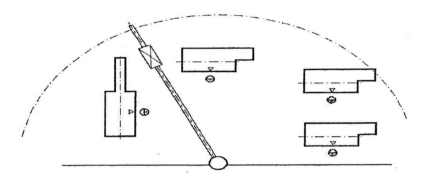

Abbildung 54   Hebezeug-, Industrierobotereinsatz

Im Kapitel 6.4 ist bereits die Objekt-Platz-Zuordnung für unterschiedliche Problemstellungen erläutert worden. Für die Maschinenanordnung dominiert das quadratische Zuordnungsproblem, welches mit dem beschriebenen Dreiecksverfahren gelöst werden kann.

Die Abbildungen 55 bis 58 zeigen für ein Praxisbeispiel /KFGV 1998/ die Bearbeitungsschritte, angefangen von den Soll-Produktdurchläufen (Abb. 55), über die davon abgeleitete Erstellung der Transportintensitätsmatrix (Abb. 56) bis zur Anordnungsoptimierung nach dem Dreiecksverfahren (Abb. 57) und schließlich zur Umsetzung im Fertigungsstättenlayout einschließlich Ausweis des Materialflusses für ausgewählte Typenvertreter (Abb. 58).

Motortyp	Teil	SBA 280 AU	XDFS 2/2	DMG 80 D	TC 10/1600	FPS 100	CTX 600 x 2000	FPS 25	CTX E (II) 400	BS 25	BKR 6x25	RSA 22/2	
DSM 2-M	Gehäuse/Ständer	15/2,2	80/10				→	15/2,5	50/3				→ Mo I
DSM 4-N		15/2,4	60/6				→	15/2,5	50/3				→
DSM 2-0		15/2,32	→	40/4			→	15/5,2	40/4				→
DSM 2-1		15/3,5	→	50/5,3			→	15/4,9	40/4,5	→	20/8	10/4	→
DSM 2-2		15/4,5	→	50/5,3			→	15/5,3	40/5	→	20/9	10/4	→
DSM 4-3		15/2,74	→	50/5,6			→	15/15	40/25	40/11	→	10/4	→
BSM		15/2,4	→	50/3			→	15/2	40/2,5				→
DSM 1-1		15/3,5	→	50/5,3			→	15/5	40/5	→	40/6,8	10/4	→
DSM 1-2		15/4,5	→	50/5,3			→	15/5,3	50/7	→	40/14	10/4	→
DSM 1-3		15/7,5	→	50/7			→	15/10	50/25	60/12	→	10/4	→
DSM 1-4			→	50/15	40/35	15/15	40/35	→		75/42	→	10/4	→
DSM 3-1				→	50/35	20/15							→ Mo II
DSM 3-2/3				→	50/35	30/20							→

Legende:

| t_r[min]/ |
| t_e[min] |

t_r.....Rüstzeit
t_e.....Zeit je Einheit

Abbildung 55 Soll-Produktdurchläufe (Auszug)

Ziel / Quelle	HRL	SBA 280 AU	DST 2 NC	FZWD 160 x 1000	XDFS 2/2	CTX 400E (I)	UPWS 25	PEEV 251	DMC 80 U	TC 10/1600	SHW UF 21	SI 4	FPS 100	DFS 2S	CTX 600 x 2000	FPS 25	CTX 400
HRL				80	90				153	650						90	
SBA 280 AU				91	366				217								
DST 2 NC							74										
FZWD 160 x 1000					15	66										10	
XDFS 2/2							15		89			10				60	
CTX 400E (I)							28		128			10					
UPWS 25									43								
PEEV 251																	
DMC 80 U										70		20	15			245	
TC 10/1600													480				
SHW UF 21													70				
SI 4																	
FPS 100														30	200		
DFS 2S																	
CTX 600 x 2000											70						
FPS 25															39		
CTX 400																	

Abbildung 56   Transportintensitätsmatrix (Auszug)

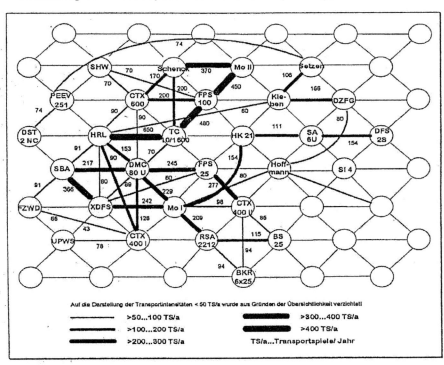

Abbildung 57   Objektanordnung im Dreiecksraster

132

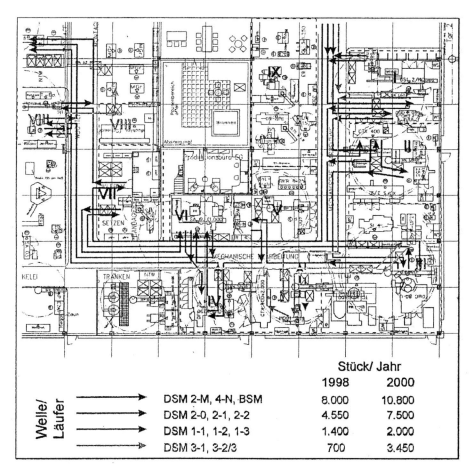

		Stück/ Jahr	
		1998	2000
Welle/ Läufer	DSM 2-M, 4-N, BSM	8.000	10.800
	DSM 2-0, 2-1, 2-2	4.550	7.500
	DSM 1-1, 1-2, 1-3	1.400	2.000
	DSM 3-1, 3-2/3	700	3.450

Abbildung 58   **Feinanordnung im Fertigungsstättenlayout mit Ausweis der Materialflussbeziehungen für ausgewählte Typenvertreter (Welle / Läufer)**

7.3.4 Standortanforderungen hinsichtlich Beeinträchtigung / Übereinstimmung

Wenn nicht andere Gegebenheiten entgegenstehen, sollte zur Vereinfachung der Erfüllung spezifischer Standortanforderungen und deren effektiver Nutzung die Aufstellung bzw. räumliche Einordnung von Maschinengruppen nach:

- laut / leise
- hoch / niedrig
- leicht / schwer
- hohe / niedrige Klimaanforderungen geprüft werden (Abb. 59).

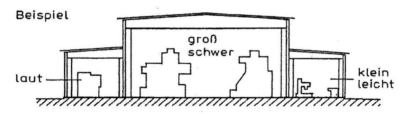

Abbildung 59   Maschinenanordnung entsprechend unterschiedlicher Raumanforderungen

Bei Maschinen mit spezifischen Be- und Entlüftungsanforderungen und solchen, die den Transport von sperrigem, großvolumigem Material bedingen, ist die Anordnung in Randlage vorzuziehen.

Der arbeits- und qualitätsmindernde Einfluss durch direkte Sonneneinstrahlung (z.B. bei der Platten-, Folien-, Furnierlagerung u.a.) ist auszuschließen (siehe auch Kapitel 8.3.3).

7.3.5 Transport- und Umschlagmittel

Relevante geometrische Anforderungen von Transport- und Umschlagmitteln an Bauwerke und damit auch die Layoutgestaltung sind mit deren Länge, Breite, maximale Bauhöhe, Hubhöhe und Einbauhöhe sowie die daraus resultierende Dimensionierung von Transportöffnungen des Bauwerks gegeben (siehe auch Abb.60).

Herausragende Bedeutung auf geometrische Anforderungen haben beispielsweise:

- Unterflur- und Schleppkettenförderer auf die Systemlänge
- Brücken- und Hängekrane auf die Systembreite
- Brücken-, Hänge- und teilweise auch Säulendrehkrane auf die Systemhöhe
- Stapler, Schlepper, Wagen, Flurgeführte Transportmittel (FTS) und z.t. Hängekrane auf bauliche Transportöffnungen

Der Forderung nach großen Stützenabständen stehen andererseits aus Kostengründen (kostengünstige Tragkonstruktionen) geringere Stützenabstände gegenüber.

Layoutplanung

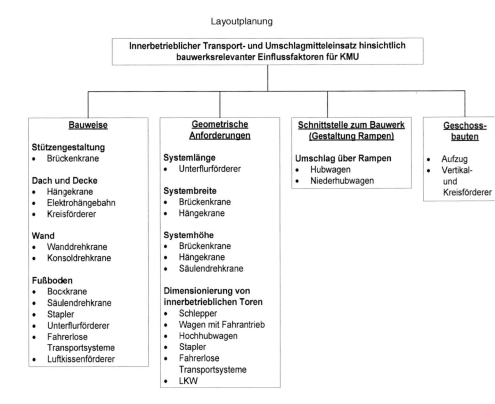

Abbildung 60 Innerbetrieblicher Einsatz von Transport- und Umschlagmitteln und bauwerksrelevante Einfluss-faktoren (nach /BAI 2006/)

Müssen bestimmte Lasten in der Fertigungswerkstatt von der Arbeitskraft bewegt werden, die nicht manuell bewältigt werden können, ist der Einsatz von Überflurtransportmitteln (ÜFTM wie Brückenkran, Hängekran, Portalkran, Drehkran usw.) bzw. Handhabungsgeräten im Layout zu berücksichtigen.

Welche Belastungen für das Heben und Tragen von Lasten sind für den Menschen zumutbar? Nur die Gewichtsangabe ist unzureichend.

So existieren nunmehr für die Gefährdungsabschätzung beim Heben und Tragen sowie beim Ziehen und Schieben und anderen manuellen Tätigkeiten inzwischen detaillierte Handlungsanleitungen, die sich auf die **Leitmerkmalmethode** stützen[37] (vergl. auch Kapitel 2.2).

Die Beurteilung von manuellen Lastenhandhabungen wird beispielsweise an Hand folgender Leitmerkmale charakterisiert:

- Bestimmung der Zeitwichtung (Zeiten für Hebe- und Umsetzvorgänge, Halten und Tragen)
- Bestimmung der Wichtungen von Last, Haltung und Lastposition (Wirksame Lasten für Männer bzw. Frauen, charakteristische Körperhaltung und Lastposition)
- Ausführungsbedingungen

Aus Lastwichtung, Haltungswichtung und Ausführungsbedingungswichtung wird unter Einbeziehung der Zeitwichtung ein **Punktwert** ermittelt, der zur Beschreibung des Risikobereiches (Punktwert < 10 – grüner Bereich bis Punktwert > 50 roter Bereich) dienen kann[38].

Je nach Einordnung in den ermittelten Risikobereich erhält man eine Aussage zu Handlungsnotwendigkeiten:

< 25 Punkte	kein Handlungsbedarf
25 bis 50 Punkte	Notwendigkeit der Ermittlung der individuellen Belastungswahrnehmung der Beschäftigten (Fragen zur Arbeitsbeanspruchung und Fragen zu den gesundheitlichen Beschwerden; Gestaltungsnotwendigkeiten)
> 50 Punkte	Notwendigkeit einer technischen und/oder organisatorischen Umgestaltung

Analog wird eine Gefährdungsabschätzung zur Risikoverminderung beim Ziehen oder Schieben vorgenommen.

---

[37] Siehe auch www.baua.de/leitmerkmalmethoden
[38] Als Faustformel für den schädigungsfreien Umgang mit Lasten gilt nach /WIE 2002/, dass 15% der Maximalkräfte bei länger andauernden Belastungen nicht überschritten werden dürfen (Die Werte der Maximalkräfte in Abhängigkeit vom Geschlecht und der Art der Kraftaufwendung siehe DIN 33 411 „Körperkräfte des Menschen")

7.3.6 Verkehrswege

Die Dimensionierung und Gestaltung von **Verkehrswegen** für den Materialtransport, Personenverkehr[39] und gegebenenfalls Transportschneisen bei Überflurtransport hängen maßgeblich von der innerbetrieblichen Logistiklösung ab. Solche Festlegungen, wie:

- Transportmitteltyp (Unterflur-, Flur-, Überflurtransportmittel)
- Art und Größe der Transportmittel (Raumdimensionen, Decken- bzw. Fußbodenbelastung, Bestreichbereich)
- Transporthilfsmitteleinsatz, Transportgut

haben damit letztlich für die Layoutgestaltung einen großen Einfluss.

Die Ausführung der Transport- und Umschlagmittel kann vor allem hinsichtlich:

- der Bauarten und Bauweise
- der geometrischen Anforderungen und der
- der Gestaltung von Rampen

bauwerksprägend für die Gestaltung sein.

Bei der Anordnung der Maschinen und Ablageflächen ist unbedingt der Arbeitsbereich (Kranhakenbereich, Bestreichbereich) des Überflurtransportmittels zu beachten (Abb. 61).

In engem Zusammenhang mit Entscheidungen zu:

- der gewählten Anordnung der Maschinen und Anlagen
- der Auswahl der Transportmittel
- der Funktionserfüllung der Transportwege (Materialtransport, Wege für den Personenverkehr, kombinierte Wege, Transportschneisen)
- der Verkehrsführung (Geradeausfahrt, Bedien- oder Stapelfahrt, Wendefahrt)
- der Transportorganisation (Einrichtungstransport, Begegnungstransport)

---

[39] Eingeschlossen der Nutzung als Flucht- und Rettungsweg

wird ein Netz (meist orthogonales Netz) von Hauptverkehrswegen[40] und Nebenverkehrswegen vorgesehen.

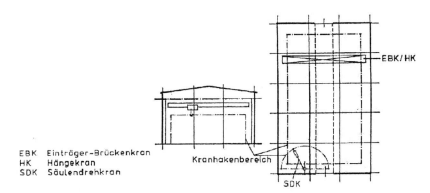

EBK   Einträger-Brückenkran
HK   Hängekran
SDK   Säulendrehkran

Abbildung 61   Kranhakenbereich von Überflurtransportmitteln

Abb. 62 zeigt, dass die konzeptionelle Gestaltung des Verkehrswegsystems sehr variantenreich sein kann.

In Abwägung oben genannter Einflussgrößen vor allem mit den Anforderungen zur Flussgestaltung gilt es, eine gute Verkehrswegführung zu finden. Die Auswahl der günstigsten Variante sollte insbesondere folgende Kriterien berücksichtigen:

- flussgerechte Lösung
- Gewährleistung der Zugänglichkeit zu allen Arbeitsplätzen, Bereichen, Türen und Toren
- günstiges Verhältnis der Transportfläche zur Nettoproduktionsfläche
- Einbindung erforderlicher Umschlagstellen
- Einhaltung von maximal zulässigen Entfernungen zu Türen und Toren

---

[40] Oft auch als Hauttransportwege (HTW und Nebentransportwege (NTW) bezeichnet

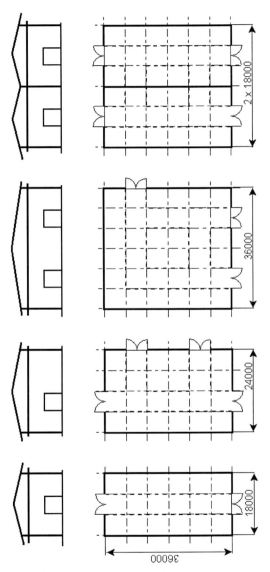

Abbildung 62   Verkehrswegführung / Varianten

Spezifische Vorgaben des Gesetzgebers sind einzuhalten. So müssen beispielsweise in begehbaren Räumen nach Arbeitsstättenregel /ASR A2.3/

die Türen und Tore so angeordnet sein, dass von jeder Stelle des Raumes folgende Entfernung zum nächstliegenden Ausgang nicht überschritten wird (Luftlinienentfernung):

a.) in Räumen, ausgenommen Räume nach b.) bis f.)   35 m

b.) in brandgefährdeten Räumen ohne Sprinklerung oder vergleichbare Maßnahmen   25 m

c.) in brandgefährdeten Räumen mit Sprinklerung oder vergleichbare Maßnahmen   35 m

d.) in giftstoffgefährdeten Räumen   20 m

e.) in explosionsgefährdeten Räumen (ausgenommen Räume nach f.)   20 m

f.) in explosionsstoffgefährdeten Räumen   10 m

(siehe auch später bei spezifischen Anforderungen an Rettungswege).

Höhe und Breite der Haupttore müssen die größten Maschinen- bzw. Ausrüstungsabmessungen sowie gegebenenfalls die Maße der in das Industriebauwerk einfahrenden Transportmittel einkalkulieren.

Vor und hinter Türen dürfen sich nicht unmittelbar Treppen oder Absätze anschließen. Der einzuhaltende Mindestabstand beträgt 1,00 m, bei eingeschlagener Tür noch mindestens 0,50 m /WEI 2002/.

Zur Dimensionierung der Verkehrswege sei auf die Arbeitsstättenregel /ASR A1.8/ verwiesen[41] (Abb.63 und Abb. 64).

Die Breite der Wege für den Personenverkehr bezieht sich auf den Normalfall. Nach /WEI 2002/ können Wege, die nur der Bedienung und Überwachung dienen, verhältnisangepasste Abmessungen haben (Mindestmaß b x h = 0,50m x 1,80 m).

---

[41] Die alte ASR 17/1,2 "Verkehrswege" gilt in Bezug auf die Gestaltung der Fluchtwege und Notausgänge nicht weiter fort.

Layoutplanung

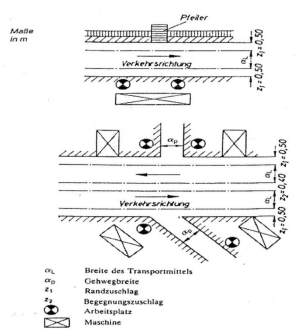

α_L Breite des Transportmittels
α_p Gehwegbreite
z_1 Randzuschlag
z_2 Begegnungszuschlag
⊕   Arbeitsplatz
⊠   Maschine

Abbildung 63   **Mindestbreite für Wege des Fahrverkehrs (/ASR 17/1.2/; /ASR A1.8/)**

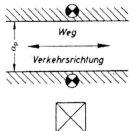

Anzahl der Personen (Einzugsgebiet)	Breite α_p') normal
bis 5	0,875
bis 20	1,00
bis 100	1,25
bis 250	1,75
bis 400	2,25

') Baurichtmaß, Maße in m

Abbildung 64   **Breite der Wege für den Personenverkehr im Normalfall (/ASR 17/1.2 /; /ASR A1.8/)**

Bei der Angabe der „Breite des Transportmittels" in Abb. 63 ist zu berücksichtigen, dass gegebenenfalls bei darüber hinausragendem Transportgut bzw. Transporthilfsmittel letztere das Maß für α_L bestimmen. Neben der Breite des Transportmittels / Transportgutes / Transporthilfsmittels sind weiterhin Sicherheitsabstände (Randzuschläge bis zur Wegebegrenzung, Begegnungszuschlag zwischen den Transportmitteln bei Begegnungsverkehr) einzubeziehen. Die alte ASR 17/1.2 nimmt die Bemessung der Zuschläge in Abhängigkeit von der Geschwindigkeit vor. Für Geschwindigkeiten >20 km/h beträgt der Randzuschlag z_1 jeweils 0,50 m (d.h. insgesamt 1,00 m), der Begegnungszuschlag z_2 = 0,40 m. Höhere Geschwindigkeiten der Transportmittel bedingen entsprechend größere Werte für z_1 und z_2. Die alte ASR 17/1.2 lässt einige Besonderheiten zu. So heißt es dort:

„Werden die Wege für den Fahrverkehr auch zum Gehverkehr benutzt, so sind die Randzuschläge mit 0,75 m anzusetzen.

Gemäß den unterschiedlichen Betriebsbedingungen können bei geringen Verkehrsbewegungen die Begegnungs- und Randzuschläge zusammen bis auf 1,10 m herabgesetzt werden (2 z_1 + z_2 = 1,10 m).

Gegebenenfalls kann auch bei Gegenverkehr der Verkehrsweg bei genügend Ausweichstellen einspurig geführt werden; dies gilt sinngemäß für Tore und Durchfahrten."

Auf den Gehverkehr bezogen gibt es den Hinweis:

„Die Ermittlung der Personenanzahl aus dem Einzugsgebiet ergibt sich aus der Betriebsart. Verkehrsspitzen, z.B. bei Schichtwechsel, sind zu beachten.

Die Breite von Verbindungsgängen kann in Ausnahmefällen 0,60 m betragen"

Die lichte Mindesthöhe über den Wegen soll 2,00 m betragen.

Für Wege, die nur der Bedienung und Überwachung dienen, kann dieser Wert unterschritten werden.

Empfohlen wird eine Mindesthöhe von 1,80 m /WEI 2002/.Transportwege sollten eindeutig gekennzeichnet sein (Farbmarkierungen, unterschiedliche Bodenbeläge, Bodennägel usw.).

Dies ist eine Voraussetzung dafür, um im späteren Betrieb zu vermeiden, dass Verkehrswege zugestellt bzw. nicht freigehalten werden.

In Arbeits- und Lagerräumen von mehr als 1000 m^2 Grundfläche sollten Verkehrswege (so die alte Arbeitsstättenverordnung explizit) gekennzeichnet sein. Soweit es der Schutz der Beschäftigten erfordert, ist die Kennzeichnung auch bei einer Grundfläche kleiner 1000 m^2 vorzunehmen.

Eine Kennzeichnung kann entfallen, wenn durch Anlagen, Betriebseinrichtungen, Lagergut u.ä. ohnehin eine deutliche Abgrenzung der Verkehrswege gegeben ist oder wenn betriebliche Verhältnisse eine Kennzeichnung nicht zulassen.

Gefahrstellen im Verlaufe von Verkehrswegen sind kenntlich zu machen. Bei ständigen Gefahrstellen (z.B. Profileinschränkungen im Wegeverlauf) geschieht dies nach /VBG 125/ durch gelbschwarze Warnmarkierung, bei zeitweiligen Gefahrstellen (z.B. Fahrbahnschäden) durch rot-weiße Warnschraffur. Vor allem an Kreuzungen, Einmündungen, Aus- und Einfahrten ist auf ausreichende Sichtverhältnisse zu achten.

Vom Arbeitsplatz aus darf keine Gefährdung des Verkehrsweges ausgehen und umgekehrt.

Ecken an Verkehrswegen sind abzurunden oder abzuschrägen.

Verkehrswege müssen trittsicher, eben und frei von Hindernissen sein.

„Die lichte Höhe über den Verkehrswegen für Transportmittel errechnet sich aus der Höhe des Flurförderzeuges einschließlich stehendem oder sitzendem Fahrer bzw. aus der Ladehöhe. Zu dieser Höhe ist ein Sicherheitszuschlag von mindestens 0.20 m anzusetzen. Die lichte Höhe darf durch Schrägen (z.B. Vouten) an Unterzügen oder Stützen nicht beeinträchtigt werden"
(alte ASR 17/1.2).

Die Mitbenutzung innerbetrieblicher Verkehrswege durch Fahrzeuge der Feuerwehr erfordert eine Höhe und Breite von 3,50 m.

Sollen Verkehrswege an Türen oder Toren vorbeigeführt werden, muss dies mit dem Mindestabstand von 1,00 m geplant werden (Abb. 65).

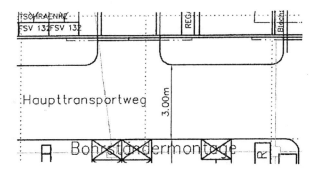

Abbildung 65   Verkehrsweg an Türen / Toren

Sperriges, zur Vereinzelung vorgesehenes Material sollte möglichst in der Peripherie des Layouts gelagert und zugeschnitten werden, um den Transport quer durch die Werkstatt zu vermeiden.

7.3.7 Flucht- und Rettungswege

Flucht- und Rettungswege in Gebäuden sind ein baurechtlich notwendiger Teil der baulichen Anlage, über den Personen die Anlagen verlassen oder gerettet werden können. Auch im Arbeitsstättenrecht sind spezifische Forderungen zu Flucht- und Rettungswegen verankert /ASR A2.3/. Hier sind folgende grundsätzlichen Definitionen gegeben:

*„**Fluchtwege** sind Verkehrswege, an die besondere Anforderungen zu stellen sind und die der Flucht aus einem möglichen Gefährdungsbereich und in der Regel zugleich der Rettung von Personen dienen. Fluchtwege führen ins Freie oder in einen gesicherten Bereich. Fluchtwege im Sinne dieser Regel sind auch die im Bauordnungsrecht definierten **Rettungswege**, sofern sie selbstständig begangen werden können.*

*Den **ersten Fluchtweg** bilden die für die Flucht und Rettung erforderlichen Verkehrswege und Türen, die nach dem Bauordnungsrecht notwendigen Flure und Treppenräume für notwendige Treppen sowie die Notausgänge.*

*Der **zweite Fluchtweg** führt durch einen zweiten Notausgang, der als Notausstieg ausgebildet sein kann.*

*Die **Fluchtweglänge** ist die kürzeste Wegstrecke in Luftlinie gemessen vom entferntesten Aufenthaltsort bis zu einem Notausgang".*

Für den Gefahrenfall muss nach entsprechenden Bauordnungen und DIN-Vorschriften jede Nutzungseinheit mit Aufenthaltsräumen in jedem Geschoss über mindestens 2 voneinander unabhängigen Flucht- bzw. Rettungswegen erreichbar sein.

In der Regel sollten die geplanten betrieblichen Verkehrswege auch als Flucht- und Rettungswege dienen[42]. In Sonderfällen sind gegebenenfalls zusätzliche Ausgänge und Wege vorzusehen. Die Türen müssen in Fluchtrichtung aufschlagen.

Sie müssen von innen ohne Hilfsmittel zu öffnen sein. Die ständige Zugänglichkeit ist zu sichern. Nicht einsetzbar als Notausgangstor sind Schiebe-, Pendel-, Dreh- und Hebetüren.

Flucht- und Rettungswege dürfen durch Türen nicht eingeengt sein (d.h. die Mindestbreite darf die zu fordernde Fluchtwegbreite nicht unterschreiten).

Notausgänge und Rettungswege sind mit Piktogrammen auszuweisen. Die seitliche Begrenzung ist auf dem Fußboden dauerhaft und gut sichtbar zu kennzeichnen.

---

[42] Anordnung von Türen und Toren bzw. Fluchtweglängen siehe bei „Verkehrswegen" im Kapitel 7.3.6. Die gleichen Maße sind auch in /ASR A2.3/ aufgeführt.

7.3.8 Haus- und Versorgungstechnik

Ausrüstungen der Haus- und Versorgungstechnik (HVT) können sowohl von der Installationsführung, als auch von den Anforderungen zur Einordnung spezifischer HVT-Anlagen (Zentrale bzw. dezentrale Lösungen, unterschiedliche Anlagen usw.) für die Layoutgestaltung von Belang sein.

Nach /HOF 2006/ wird die Haus- und Versorgungstechnik (siehe auch Abb. 66) wie folgt beschrieben:

„Die infrastrukturelle Ausrüstung der Industriebauten besteht aus bauwerksgebundenen Systemen (der Haustechnik) und anlagenbezogenen Ver- und Entsorgungssystemen, welche von der Nutzungsart und vom Anschlussbedarf der Betriebsmittel abhängig sind."

In der Regel ist der detaillierte Maschinenaufstellungsplan die Grundlage für die Formulierung der Aufgabenstellung an den HVT-Spezialprojektanten.

Auf den Zusammenhang des Einsatzes von Transport-, Handhabungs- und Lagerlösungen auf Strukturformen bzw. die daran geknüpfte Objektanordnung ist bereits hingewiesen worden.

Analog kann die Gestaltung des Layouts stark von der Entscheidung zur gewählten HVT- bzw. Ver- und Entsorgungslösung, z.B. von der Auswahl einer dezentralen oder zentralen Lösung, abhängen. Schleif- und Holzstaub sind möglichst unmittelbar an der Entstehungsstelle abzusaugen und bei Abführung der Abluft nach außen ist eine Anordnung entsprechender Anlagen in Randlage vorzusehen. Ebenso gilt es, die Wechselwirkungen zwischen Elektroenergie- bzw. Medienversorgung (z.B. Künstliche Beleuchtung, Heizung, Lüftung, Klima, Medienanschlüsse) und Objektanordnung im Layout zu beachten.

Die ausgewählte Art der Installationsverlegung (unter Flur, in Flurebene, über Flur, vertikale Leitungsschächte, horizontale Leitungstrassen, ortsfeste/mobile Installation) und die Aufstellung der Maschinen, Anlagen sowie des eingesetzten Transport-, Umschlag- und Lagersystems sind eng miteinander verknüpft.

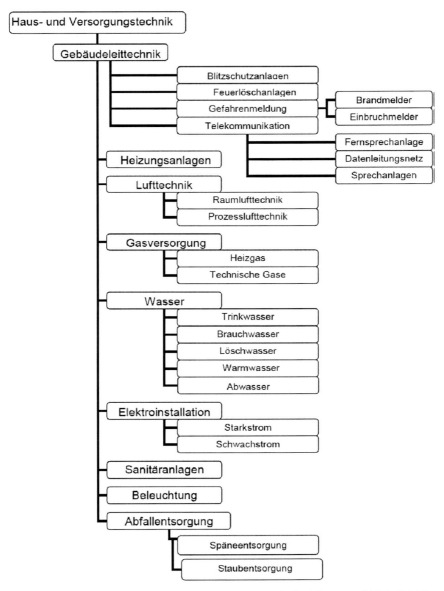

Abbildung 66   Haus- und Versorgungstechnik (u. Verw. v. /HOF 2006/)

Anzustreben sind flexible Installationsarten, also solche Verlegungsarten, die künftige Veränderungen des Layouts möglichst wenig behindern.

Zunehmend findet man in der Praxis so genannte Installationsraster, d.h. eine einheitliche standardisierte Montageebene für die verschiedensten Installationsführungen der Haus- und Versorgungstechnik. Rasterförmig stehen an vielen Punkten Anschlussstellen zur Verfügung.

Dem höheren Materialaufwand und somit auch höheren Investitionskosten bei Ersteinrichtung stehen geringere Aufwendungen bei Umstellungen gegenüber. Durch ein Installationsraster kann einfach auf Layout-Umgestaltungen reagiert werden.

Aber auch für die Gewerke Heizung / Lüftung / Klimatisierung sowie Beleuchtungstechnik dürfen die Wechselwirkungen zum Fertigungsstätten-layout nicht vernachlässigt werden.

Bei Einrichtung einer Strahlungsheizung im Zusammenhang mit einer sinnvollen Differenzierung der Raumtemperaturen für unterschiedliche Bereiche ist die Kenntnis des Layouts eine wichtige Voraussetzung.

Ebenso ist häufig eine arbeitsplatzorientierte bzw. bereichsorientierte Beleuchtung zweckmäßig, was wiederum vom konkreten Layout ausgeht.

Mit der Gestaltung bzw. Anordnung der Beleuchtungsanlagen und der Umgebungsbedingungen sollen mit der künstlichen Beleuchtung optimale Beleuchtungsverhältnisse erreicht werden (siehe dazu noch Kapitel 8.2.4).

7.3.9 Tageslichtbeleuchtung

Neben der künstlichen Beleuchtung hat auch die Tageslichtbeleuchtung bei der Layoutgestaltung entsprechendes Gewicht. So sind vor allem bei Seitenlichtöffnungen (Seitenfenstern) folgende Randbedingungen zu beachten:

- Anordnung von Objekten mit anspruchsvollen Seh-Aufgaben in Fensternähe, andererseits aber
- Vermeidung von Abschattung durch große Maschinen in Fensternähe
- Ausschaltung von Blendung bzw. Schattenbildung bei der Stellung der Arbeitskraft zur Lichtrichtung (Abb. 67)

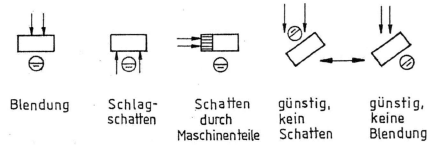

Blendung   Schlag-   Schatten   günstig,   günstig,
            schatten   durch   kein   keine
                       Maschinenteile Schatten Blendung

Abbildung 67   Blendung / Schattenbildung bei Tageslichteinfall

Fenster (Seitenlichtöffnungen) erfüllen nicht nur den Zweck der Tageslichtbeleuchtung, sondern verwirklichen auch mit den geforderten "Sichtverbindungen nach außen" die Verbindung der Arbeitnehmer zur Außenwelt[43].

Nach dieser Vorschrift sind in Arbeitsräumen bis auf unten genannte Einschränkungen Sichtverbindungen nach außen (Fenster, Türen bzw.

---

[43] In der aktuellen Arbeitsstättenverordnung ist die Schaffung von Sichtverbindungen nach außen nicht mehr explizit gefordert. Im Sinne der Orientierung auf den Stand der Technik soll auf die ASR 7/1 noch hingewiesen werden, deren Inhalt übrigens mit /DIN 5034-1/ aufgenommen wurde

Wandelemente aus Glas oder einem anderen durchsichtigen Werkstoff) in Augenhöhe ins Freie gefordert.

Dazu wird auf folgende Maß-Vorgaben orientiert:

Die Unterkante des betrachteten Fensters über dem Raumfußboden sollte zwischen 0,85 m bis 1,25 m betragen.

Die Abmessungen der Fenstergröße ist bei:

- Raumtiefe bis einschließlich 5,0 m $1,25 \ m^2$
- Raumtiefe von mehr als 5,0 m $1,50 \ m^2$

Als Sichtverbindungen vorgesehene Fenster sollen mindestens:

- eine Höhe von 1,25 m (bzw. 1.50 m) und
- eine Breite von 1,00 m

haben.

Für Räume mit einer Grundfläche bis zu 600 m^2 soll die Gesamtfläche der Sichtverbindungen 1/10 der Raumgrundfläche betragen.

Für Räume, deren Grundfläche größer als 600 m^2 ist, sieht die alte Arbeitsstättenrichtlinie nur noch 1/100 der Gesamtfläche als Sichtverbindungen vor. In der praktischen Anwendung bedeutet dies, dass für z.B. eine Halle von 50 m Länge und 20 m Breite die Sichtverbindung 600 x 0,1 = 60 m^2 + 400 x 0,01 = 4 m^2, d.h. 64 m^2 ... ausmachen würde /ASR 7-1/.

Sichtverbindungen sind nicht gefordert, wenn:

- betriebstechnische Gründe dies nicht zulassen

- dies Verkaufsräume u. ä. , die unter Erdgleiche liegen, betrifft

- Arbeitsräume eine Grundfläche von mindestens 2000 m^2 haben und sofern Oberlichter vorhanden sind

7.3.10 Wandlungsfähigkeit / Flexibilität

Auf einige konkrete Gestaltungsmöglichkeiten hinsichtlich Wandlungsfähigkeit bzw. Flexibilität soll hier nur mittels Beispielen eingegangen werden.

Schon an anderer Stelle wurde darauf hingewiesen, soweit als möglich auf Festpunkte im Layout (Spezialfundamente und andere baulich schwer veränderbare Gegebenheiten) zu verzichten.

Ausreichend dimensionierte Raumhöhe, große, weit überspannte Flächen (d.h. möglichst wenig Stützen im Raum), angemessene Tragfähigkeit des Fußbodens bzw. der Decken, Rasterinstallationen, schwingungsisolierte Maschinenaufstellung (Abb. 68) u.v.a.m. unterstützen die Wandlungsfähigkeit bzw. Flexibilität.

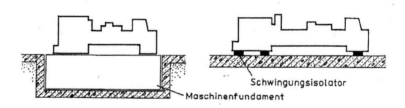

Abbildung 68   Schwingungsisolierte Aufstellung versus Fundamentaufstellung

Ist eine räumliche Abtrennung unerlässlich, sollte möglichst auf größere, zusammenhängende Flächen orientiert werden (Abb. 69 und 70).

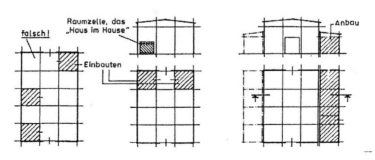

Abbildung 69   Orientierung auf zusammenhängende Flächen

152

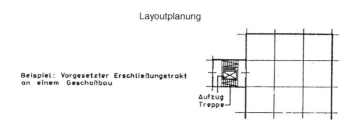

Beispiel: Vorgesetzter Erschließungstrakt an einem Geschoßbau

Aufzug
Treppe

Abbildung 70   Vermeidung von Festpunkten auf der Hauptfläche

7.3.11   Anpassung an das bauliche Konstruktionsraster

Frühzeitig ist bei der Einordnung aller technologischen Details, aller Objekte (Maschinen und Anlagen, Hochregallager, Fundamente, Türen, Tore usw.) eine Anpassung an das bauliche Konstruktionsraster (Abb. 71) vorzunehmen.

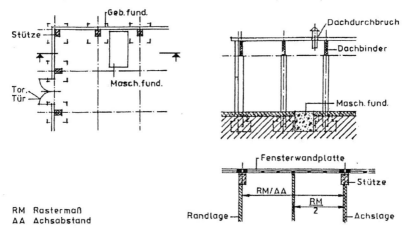

RM Rastermaß
ΔΔ Achsabstand

Abbildung 71   Anpassung an Konstruktionsraster

Ebenso sollte geprüft werden, inwieweit eine vorliegende bzw. geplante vertikale Gliederung eines Gebäudes (technisches Untergeschoss, Produktionsebene, technisches Obergeschoss) bei der Layoutgestaltung Vorteile bringen kann (Abb. 72).

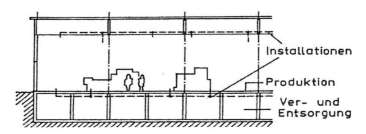

Abbildung 72   Funktionstrennung in vertikaler Schichtung

So kann z. B. die Anordnung gegebenenfalls störender Anlagen zur Ver- und Entsorgung aus dem Produktionsbereich herausgenommen und in der Untergeschossebene vorgenommen werden (Vermeidung von Beeinträchtigungen in der Produktionsebene, Schwerkraftnutzung, bessere Nutzung wertvoller Produktionsfläche usw.).

Die Angabe der Himmelsrichtung und der Hauptwindrichtung (siehe auch Windhäufigkeitsdiagramme) im Layout ist erforderlich, da dies für Gestaltungsdetails (höhere Aufwärmung auf der Südseite, gegebenenfalls Windschutz an Toren u.v.a.m.) wichtig sein kann.

7.3.12   Brand- und Explosionsschutz

Maßnahmen, Mittel und Methoden des vorbeugenden Brand- und Explosionsschutzes sind auf folgende Schwerpunkte gerichtet:

- Verhütung von Bränden und Explosionen
- Begrenzung der Brand- bzw. Explosionsausbreitung
- Brandbekämpfung
- Schutz von Personen, Sachwerten und der Umwelt vor den von Bränden und Explosionen ausgehenden Gefahren (z.B. Rauchemissionen, Entstehen giftiger Stoffe, verunreinigtes Löschwasser)

Der **Brand- und Explosionsschutz** spielt in der holzbe- und verarbeitenden Industrie eine große Rolle und wird meist in Zusammenarbeit mit entsprechenden Spezialisten gelöst. Hier soll nur auf einige, meist layoutbeeinflussende Faktoren hingewiesen werden.

Auf den Zusammenhang zwischen der Länge der Flucht- und Rettungswege und der Anordnung von Türen und Toren ist bereits in den Kapiteln „7.3.6 Verkehrswege" und „7.3.7 Flucht- und Rettungswege" eingegangen worden. Im Brandfall soll damit rechtzeitig der Notausgang, d.h. der Ausgang im Verlauf eines Fluchtweges, der direkt ins Freie oder in einen gesicherten Bereich führt, erreicht werden.

Nach /ASR A2.3/ ist der *„Gesicherte Bereich ein Bereich, in dem Personen vorübergehend vor einer unmittelbaren Gefahr für Leben und Gesundheit geschützt sind. Als gesicherte Bereiche gelten z. B. benachbarte Brandabschnitte oder notwendige Treppenräume."* Genannte Quelle definiert auch einen **Notausstieg** *als einen im Verlauf eines zweiten Fluchtweges zur Flucht aus einem Raum oder einem Gebäude geeigneten Ausstieg."*

Die vielgestaltigen Bezüge insbesondere des baulichen und technologischen Brandschutzes zur Fabrikplanung verdeutlicht Abb. 73, wobei hier auf die nachfolgenden, spezifischen Problemstellungen nur hingewiesen werden soll:

- Berücksichtigung von Anforderungen des baulichen Brandschutzes, wie z.B. Notwendigkeit der Bildung von Brandabschnitten (Brandabschnittsgrößen) bzw. Brandbekämpfungsabschnitten und in diesem Zusammenhang erforderlicher Feuerwiderstand von Bauteilen (Feuerwehrwiderstandsklassen, erforderliche Feuerwiderstandsdauer), Rauch- und Wärmeabzugsanlagen

Layoutplanung

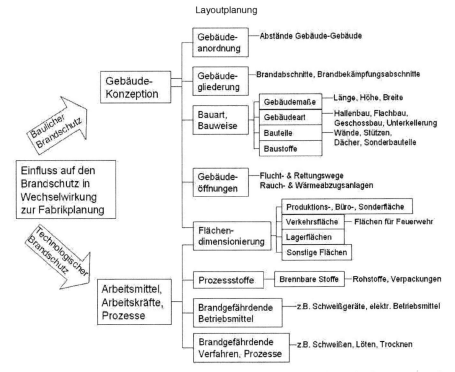

Abbildung 73   Wechselwirkungen   zwischen   Brandschutz   und Fabrikplanung /HAB 1995/

- Definition der Brandklassen[44] sowie der Brandgefährdung (Brandgefährdungsklassen)

- Einsatz von Branderkennungs- und –meldeanlagen sowie von Feuerlöscheinrichtungen (Wirkungsort, Ortsgebundenheit, Löschmitteleinsatz, Löschdauer, Kopplung mit Brandmeldung)

- Zugänglichkeit durch Feuerwehrfahrzeuge (Zufahrten, Aufstellflächen) und Rettungskräfte

- Gebäudeabstände

---

[44] Brandklasse A – Brände fester Stoffe, Brandklasse B – Brände flüssiger und dampfbildender Stoffe, Brandklasse C – Brände gasförmiger Stoffe, Brandklasse D – Brände brennbarer Metalle und Brandklasse F – Brände von Speiseölen- und –fetten / siehe dazu auch in DIN EN 2 Brandklassen Januar 2005

- Löschwasserversorgung (Löschwasserbedarf), Löschwasserrückhaltung
- Auftreten explosionsfähiger Atmosphäre sowie gefährlicher explosionsfähiger Atmosphäre
- Bedingungen zur Explosionsentstehung
- Zoneneinteilung explosionsgefährdeter Bereiche
- Einsatztauglichkeit von Betriebsmitteln in explosionsgefährdeten Bereichen (Gerätekategorie)
- Explosionsschutzmaßnahmen[45]

Gerade beim technologischen Brandschutz gibt es eine Fülle von Möglichkeiten, um von vornherein Brand- und Explosionsgefahren zu vermeiden oder rechtzeitig einzudämmen, so z.b.:

► Substitution oder Mengeneinschränkung brennbarer Stoffe

► Vermeidung bzw. Unwirksamkeit offener Flammen, heißer Oberflächen, elektrostatischer Aufladung, Funkenbildung und ähnlicher Entzündungsursachen für Brände

► Kapselung brandgefährlicher technologischer Prozesse

► Überlegungen hinsichtlich Technologieveränderung

► direkte Zuordnung von Löschanlagen zu brandgefährdenden Betriebsmitteln oder Arbeitsverfahren

Technische Explosionsschutzmaßnahmen sind z.B.:

- Ersatz brennbarer Stoffe (z.B. durch wässrige Lösungen)
- Verwendung staubförmiger Stoffe mit höherer Korngröße
- Konzentrationsbegrenzung
- Inertisierung (Luftsauerstoff durch nichtreaktive Stoffe ersetzt)

---

[45] Verhinderung der Bildung gefährlicher explosionsfähiger Gemische (**Primäre** Explosionsschutzmaßnahmen); Vermeidung der Entzündung gefährlicher explosionsfähiger Gemische (**Sekundäre** Explosionsschutzmaßnahmen); Abschwächung der schädlichen Auswirkungen der Explosionen auf ein unbedenkliches Maß (**Tertiäre** Explosionsschutzmaßnahmen)

- Verhinderung der Bildung explosionsfähiger Armosphäre (Be- und Entlüftung)
- Einsatz Gaswarngeräte
- Vermeidung von Zündquellen

7.4 Layoutbewertung

Mit der innovativen Bearbeitung von Layoutvarianten einer Fertigungswerkstatt (bzw. einer Fabrik, was hier aber nicht tiefgehend behandelt werden kann) muss der Fabrikplaner die in den vorangestellten Abschnitten genannten generellen Zielstellungen, Randbedingungen sowie die ausführlich beschriebenen Gestaltungshinweise umsetzen.

Das verlangt umfassendes Wissen, Erkennen der Koppelstellen zu anderen Fachgewerken, Kreativität und Kenntnis spezifischer fabrikplanerischer Methoden und Werkzeuge.

Dem Variantengrundsatz folgend wird der Fabrikplaner bei der Erarbeitung des Layouts immer mehrere Varianten erstellen, um schließlich unter Berücksichtigung aller Bewertungskriterien möglichst objektiv die beste auszuwählen. Bevor ein Feinlayout als Real-Layout mit allen für die Ausschreibung und Spezialgewerke erforderlichen Informationen entsteht, werden im Sinne des stufenweisen Arbeitsfortschritts meistens Blocklayoutvarianten (Groblayoutvarianten) im Rahmen der Idealplanung erzeugt (siehe Abb. 41).

Die hier als beste erkannte Lösung wird anschließend mit allen Details im so genannten Feinlayout ausgestaltet (Abb. 42). Bei der Festlegung von Teillösungen ist gegebenenfalls erneut eine Variantenauswahl und Bewertung, z.B. mit der Nutzwertanalyse, geboten.

Dieses Feinlayout ist zentrales Arbeitsdokument z.B. für die Diskussion mit den Arbeitnehmern, gegebenenfalls die Genehmigungsplanung, die bauliche Umsetzung bzw. die Erarbeitung der Aufgabenstellungen für spezifische

Gewerke (Transport- Umschlag- und Lagerlösungen und die Haus- und Versorgungstechnik).

Für jedes Layout ist abzuwägen, welche konkreten Gestaltungskriterien als wichtig erkannt und demnach in die Bewertung einzubeziehen sind. Von den oben aufgeführten Anforderungen an die Layoutgestaltung lassen sich eine Reihe von Kriterien ableiten, die bei der Bewertung der unterschiedlichen Layoutvarianten besonderes Gewicht haben.

Es muss bei der Berücksichtigung relevanter Anforderungen, die teilweise im Widerstreit zueinander stehen, der beste Kompromiss, die „optimale" Lösung, gefunden werden. Mit der Beschreibung der aufgeführten Gestaltungshinweise ist die Vielfalt der das Layout beeinflussenden Größen aufgezeigt. Für die Layoutbewertung muss diese Vielzahl bzw. Vielgestaltigkeit auf die im jeweiligen Praxisfall wirklich ausschlaggebenden Kriterien zurückgeführt werden, um die Übersichtlichkeit zu wahren. Nachfolgend seien auszugsweise einige als Bewertungskriterium geeignete Zielstellungen für die Layoutgestaltung, auf die in den vorangegangenen Kapiteln inhaltlich bereits eingegangen wurde, zusammenfassend genannt:

► Realisierung eines menschzentrierten Produktionskonzeptes
  • Einsatz gruppenorientierter Strukturen
  • Zweckmäßige Einordnung von Kommunikations- und Teamzentren (Mitarbeiterintegration)
  • Sinnvolle Zuordnung produktionsvorbereitender, fertigungsnaher Bereiche im Fertigungsstättenlayout
► Flussbeziehungen und Koppelstellen – Umschlagstellen, Außenverkehrsanschluss
  • Materialfluss
  • Medienfluss
  • Abfallfluss
  • Informationsfluss

- Personenfluss
- Energiefluss

► hohe Flexibilität, Wandlungsfähigkeit, Mobilität
- großflächige Bereiche
- Erweiterungsmöglichkeiten
- keine störenden baulichen und technologischen Festpunkte

► Gewährleistung guter, leistungsfördernder Arbeitsbedingungen
- Nutzung natürlicher Beleuchtung
- Vermeidung von Luftzug
- Vermeidung von Lärm- und Schwingungsbeeinträchtigung
- Handling-Unterstützung durch entsprechende Ausrüstungen
- Handling schwerer und sperriger Gegenstände im Gesamtablauf

► gute Flächen- und Raumnutzung

Wichtig ist bei der Festlegung der Bewertungskriterien vor allem ihre Eindeutigkeit, um im nachfolgenden Bewertungsschritt klare Einschätzungen vornehmen zu können.

Die Vielzahl und Unterschiedlichkeit der für die Bewertung relevanten Einflussgrößen setzen ein Bewertungsverfahren voraus, welches auch die subjektiven Einschätzungen einschließen kann.

Dazu hat sich die **Nutzwertanalyse** (Gewichtete Punktbewertung) als geeignet erwiesen. Auf sie soll hier näher eingegangen werden.

Die Nutzwertanalyse, die ausgehend von einer Kriteriengewichtung eine spezifische Bewertung der Layout - Einflussgrößen für die verschiedenen Varianten vornimmt, ist ein Hilfsmittel, um quantifizierbare und nichtquantifizierbare Kriterien bei der Auswahl der Alternativen komplex zu berücksichtigen.

Unter dem Nutzwert ist der zahlenmäßige Ausdruck für den „Wert" eines Vorhabens hinsichtlich des Erreichens vorgegebener Ziele zu verstehen.

Er entsteht aus der Summation der Teilnutzwerte.

Dazu werden die Kriterien nach ihrer Bedeutung gewichtet und für die Alternativen (hier Layoutvarianten) wird je Kriterium und Layoutvariante der Teilnutzwert ermittelt.

Ablauf der Nutzwertanalyse:

1. Schritt : Bewertungskriterien auswählen

2. Schritt : Gewichtung der Bewertungskriterien ermitteln

3. Schritt : Alternativen aufstellen und Bewertung der Varianten je Fertigungsstättenlayout / Betriebslayout (Erfüllungsgrad bzw. Beurteilungswert)

4. Schritt : Teilnutzwerte und Gesamtnutzwerte ermitteln

5. Schritt : Rangordnung der Alternativen ausweisen

1. Schritt: Bewertungskriterien auswählen

- die Zusammensetzung der Kriterien muss für alle zu bewertenden Alternativen vergleichbar und voneinander unabhängig sein (Eindeutigkeit jedes Kriteriums)
- präzise, aussagekräftige Bezeichnungen verwenden
- gegebenenfalls einen Entscheidungsbaum als bewährtes Hilfsmittel zum systematischen Aufbau (logische Hierarchie) verwenden

2. Schritt: Gewichtung der Bewertungskriterien ermitteln

Weil die einzelnen Kriterien auf die Gesamtlösung, d.h. das beste Layout, unterschiedlichen Einfluss haben, müssen sie eine entsprechende Gewichtung erhalten. Zwei Vorgehensweisen sind üblich, nämlich der **paarweise** und der **stufenweise** Vergleich.

Beim paarweisen Vergleich werden die Kriterien z.B. in einer Dreiecksmatrix (Präferenzmatrix) erfasst und für jedes Kriterium ist zu entscheiden, ob es gegenüber den anderen Kriterien wichtiger ist oder nicht[46]. Die Häufigkeit der

---

[46] Dies kann z.B. mit 1 oder 0 bewertet werden

jeweils als wichtiger erkannten Kriterien h_i ergibt auf die Gesamtanzahl der Auswahlmöglichkeiten H bezogen das Gewicht des betrachteten Kriteriums (Abb. 74). Zeile für Zeile wird, oben beginnend, je Bewertungskriterium (hier mit a, b, c usw. ausgewiesen) darüber entschieden, ob das jeweils betrachtete Kriterium (z.B. Materialfluss, intern a) im Vergleich zum Personenfluss (hier mit b bezeichnet) wichtiger ist oder nicht und entsprechend eingetragen. Im Beispiel zeigt die zweite Zeile mit „a", dass der „Materialfluss, intern" wichtiger als der Personenfluss eingeschätzt wird.

Beim stufenweisen Vergleich setzt man die Summe der Gewichtung auf 100. In der ersten Stufe wird die erste Hierarchieebene bewertet (prozentualer Anteil). Dies setzt man schrittweise in den nächsten Hierarchieebenen fort, wobei entweder mit dem prozentualen Anteil, ausgehend von 100% (und entsprechender Umrechnung der Wichtungsgröße) oder mit einer direkten Aufteilung der Prozentpunkte (vergl. Abb.75) gerechnet wird. Diese Gewichtung wird fortgesetzt bis in die letzte Ebene, wobei je Zweig auch eine unterschiedliche Ebenenanzahl auftreten kann.

a	Materialfluß intern	a										
b	Personenfluß	a	b									
c	Abfallfluß	a	b	c								
d	Materialfluß extern	a	d	d	d							
e	Pausenbereiche	a	b	e	d	e						
f	Kommunikation	a	b	f	d	f	f					
g	ErweiterungMontage & Vorfertigung	g	g	g	g	g	g	g				
h	Erweiterung sonstige	a	b	h	h	h	h	h	h			
i	Abkopplg. sichbeinträcht. Bereiche	a	i	i	d	l	i	g	i	i		
j	Erscheinungsbild	a	b	j	d	j	f	g	h	i	j	
k	Flächennutzung/Grundstück	a	b	k	d	k	k	g	h	i	j	k
l	Baukosten	a	b	l	d	l	f	g	h	i	j	k
	Bewertungskriterium	a	b	c	d	e	f	g	h	i	j	k
	Häufigkeit h_i	11	8	1	9	2	5	11	9	9	5	4	4
	Häufigkeit H (kumuliert h_i)	11	19	20	29	31	36	47	56	65	70	74	78
	Gewicht = h_i *100 / H	14,1	10,3	1,3	11,5	2,6	6,4	14,1	11,5	11,5	6,4	5,1	5,1

Abbildung 74   Präferenzmatrix zur Kriteriengewichtung

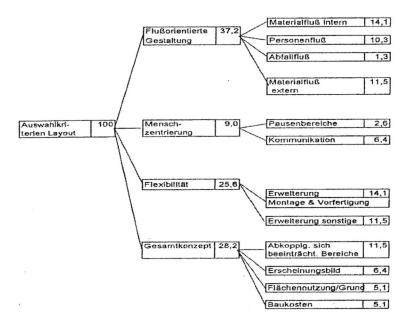

Abbildung 75   Prozentangabe im Entscheidungsbaum

3. Schritt : Alternativen aufstellen und Bewertung der Varianten je Fertigungsstättenlayout

Erst die Betrachtung mehrerer Alternativen ist letztlich die Voraussetzung für eine gute Auswahl. Für jede Alternative, hier für jedes betrachtete Fertigungsstättenlayout, muss also je Layoutvariante   eine Bewertung bei Einbeziehung eines Erfüllungsgrades bzw. Beurteilungswertes erfolgen. Diese Bewertung kann in unterschiedlichen Skalen erfolgen (siehe z.b. in Abb. 76).

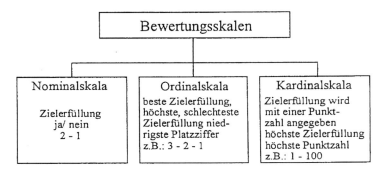

Abbildung 76   **Bewertungsskalen**

Nominalskala: Hier wird lediglich ausgesagt, ob die jeweilige Alternative das Kriterium erfüllt oder nicht.

Ordinalskala: Man verteilt Platzziffern, indem man die Alternativen zu jedem Kriterium vergleicht (auch Anlehnung an „Schulnotenvergabe" denkbar)

Kardinalskala: Der Grad der Erfüllung einer Alternative zu einem Kriterium kann detailliert mittels Kardinalskala getroffen werden. Diagramme u.a. Hilfsmittel erleichtern gegebenenfalls die entsprechende Skalierung und quantitative Festlegung.

4. Schritt : Teilnutzwerte und Gesamtnutzwerte ermitteln

Für alle Alternativen werden nun die Teilnutzwerte bestimmt (vergl. dazu Tabelle 9):

Tabelle 9   Nutzwertanalyse / Variantenauswahl - Beispiel

Bewertungskriterien	Wichtg	Variante 1 Erfüllungsg	Nutz- wert	Variante 2a Erfüllungsgr	Nutz- wert	Variante 3 Erfüllungsgr.	Nutz- wert
Flußorientierte Gestaltung	37,2						
Materialfluß intern	14,1	2	28,20513	3	42,31	2	28,21
Personenfluß	1,3	2	2,564103	1	1,282	3	3,846
Abfallfluß	1,3	2	2,564103	3	3,846	2	2,564
Materialfluß extern	11,5	2	23,07692	2	23,08	3	34,62
Mensch-zentrierung	9,0						
Pausenbereiche	2,6	3	7,692308	1	2,564	2	5,128
Kommunikation	6,4	2	12,82051	2	12,82	3	19,23
Flexibilität	25,6						
ErweiterungMontage & Vorfertigung	14,1	1	14,10256	3	42,31	2	28,21
Erweiterung sonstige	11,5	1	11,53846	3	34,62	2	23,08
Gesamtkonzept	28,2						
Abkopplg. sichbeeinträcht. Bereiche	11,5	3	34,61538	1	11,54	2	23,08
Erscheinungsbild	6,4	3	19,23077	1	6,41	2	12,82
Flächennutzung/Grundstück	5,1	2	10,25641	1	5,128	3	15,38
Baukosten	5,1	1	5,128205	3	15,38	2	10,26
Summe Nutzwert			171,7949		201,3		206,4
Reihenfolge			3		2		1

Erfüllungsgrad
3 = beste Erfüllung
2 = mittlere Erfüllung
1 = schlechteste Erfüllung

Teilnutzwert = Gewichtungsfaktor x Bewertungsfaktor (Erfüllungsgrad,

Beurteilungswert)

Die Bestimmung des Gesamtnutzwertes als Summe der Teilnutzwerte führt dann zur auszuwählenden Variante.

5. Schritt : Rangordnung der Alternativen ausweisen

Mit Hilfe der Gesamtnutzwerte kann eine Rangreihe der Alternativen aufgestellt werden. Bei der Gewichtung und Bewertung liegen meist subjektive Einschätzungen zugrunde, was bei der Ergebnisinterpretation zu berücksichtigen ist.

8 Koppelstellen Fabrikplanung / Betriebsumfeld
8.1 Standortplanung
8.1.1 Einflussgrößen für die Standortauswahl

Die Standortplanung für ein Unternehmen hat für die langfristige Entwicklung einen großen Einfluss und ist wegen der gesellschaftlichen Relevanz bei entsprechender Größenordnung in enger Verbindung zur Genehmigungsplanung zu sehen (siehe auch Punkt 8.1.3).

Die **Standortentwicklung** hängt nicht zuletzt von der strategischen Ausrichtung des Standortes (siehe z.b. Raum- und Flächennutzungsplanung) sowie der Unternehmensstrategie (Erweiterung am vorhandenen Standort, Neubau an anderem Standort, Make or By-Entscheidungen bzw. Produktionsverlagerungen oder Ausbau im globalen Netzwerk) ab.

Die Ausdehnung der Netzwerkorganisation kann sehr unterschiedlich sein. Das beginnt bei regionalen Netzwerken[47] und reicht über den nationalen Rahmen bis hin zu weltweiter Organisation.

Mit den Orientierungen und Festlegungen im Zusammenhang mit der Genehmigungsplanung (Raumordnungsplan, Regionalpläne, Flächennutzungspläne) erfolgt eine wichtige Rahmensetzung für die Standortplanung, die frühzeitig Beachtung finden sollte.

Rockstroh /ROC 1982/ hat bereits eine Unterteilung der Standorte nach der Betrachtungsebene[48] vorgenommen, und zwar den:

➢ Makrostandort

➢ Mikrostandort

➢ Standort in der Fabrik und den

➢ Standort im Bereich (Fertigungswerkstatt)

Diese hierarchische Unterteilung ist auch gegenwärtig ähnlich zu finden, allerdings meist in der Dreiteilung (Tabelle 10):

---

[47] Siehe z.B. **C**luster**O**rientiertes **R**egionales **I**nformations-**S**ystem (CORIS) unter http://www.coris.eu/ (26.09.2012)
[48] Vergleiche dazu auch Hierarchieebenen der Fabrikplanung im Kapitel 2.1

> Globale Standortfaktoren (Betrachtung des Wirtschaftsraumes eines Staates und darüberhinaus)
> Regionale Standortfaktoren (Region, Stadt, Gemeinde) und
> Lokale Standortfaktoren (Einflussgrößen am konkreten Standort)

wobei durchaus Überlappungen einzelner Faktoren auftreten.

Tabelle 10 Standortfaktoren

Globale Standortfaktoren	Regionale Standortfaktoren	Lokale Standortfaktoren
▪ Politische Verhältnisse ▪ Außenpolitik ▪ Markterschließung bzw. -zugang, Kundennähe ▪ Kostenreduktion (Niedriglohnländer) • Technologieerschließung (Aufbau neuer Entwicklungslinien) ▪ Wirtschaftspolitik, Industrialisierungsstand ▪ Arbeitskräftepotential; Lohnniveau ▪ Steuern ▪ Kapital-, Warenverkehr ▪ Investitionshilfen ▪ Gesetzliche Rahmenbedingungen ▪ Verwaltungsstruktur ▪ Ressourcen ▪	▪ Grundstücksmarkt ▪ Bauleitplanung ▪ Verkehrsanschlüsse (Straße, Schiene, Flughäfen, Wasserstraßen)/ Infrastruktur ▪ Arbeitskräftepotential; Lohnniveau ▪ Kundennähe, Beschaffungs- / Absatzmärkte ▪ Ver- und Entsorgung (Elektrizität, Gas, Wasser/Abwasser, Energieträger,...) ▪ Ressourcen ▪ Klima ▪ Verwaltungsstruktur ▪	▪ Lokale Verkehrs-Anbindung (Straße, Schiene, Luftverkehr, Wasserstraße) ▪ Flächengröße und -zuschnitt ▪ Baugrund (Bodenschichten, Grundwasserstand) ▪ Erschließungsaufwand ▪ Energieversorgung (Elektro, Gas, Fernwärme) ▪ Wasserversorgung (Trinkwasser, Betriebswasser) ▪ ....

An dieser Stelle sollen die vielfältigen Einflussgrößen z.b. im Rahmen der Layoutgestaltung einer Fertigungsstätte (Anordnung der Betriebsmittel) zunächst unberücksichtigt bleiben (siehe dazu Kapitel 7 „Layoutplanung").

Tabelle 10 verdeutlicht auch, dass im Zusammenhang mit der Beschreibung politischer, infrastruktureller, ökonomischer, ökologischer, sozialer und rechtlicher Bedingungen sowie des Marktumfeldes durchaus in globaler und lokaler Ebene Überlappungen auftreten.

Die Standort-Entscheidung kann vereinfacht werden, wenn sogenannte dominierende Einflussgrößen (siehe unten) maßgeblich die Standortauswahl beeinflussen.

8.1.2 Standortauswahl

Bevor im Rahmen einer detaillierten Abwägung der Standortgegebenheiten mit den Standortanforderungen, der Beziehungen und Beeinträchtigungen, eine umfassende Bewertung erfolgt, sollte zu Beginn geprüft werden, ob vielleicht **so** gewichtige Standortkriterien vorliegen, dass auf deren Grundlage eine Entscheidung (für oder gegen den Standort) bereits möglich ist.

Das können z.B. folgende Grundorientierungen sein:

► **Absatzorientierung / Zuliefererorientierung / Flussorientierung**
   z.B.: Massenbedarfsfertigung mit Nähe zum Verbraucher; stärkere Nähe der Zulieferer an Autoindustrie, Rohstoff- bzw. Hilfsstofforientierung (siehe auch Transportaufwandssenkung)

► **Energieorientierung**
   z.B.: Großverbraucher in Nähe Energieerzeuger

► **spezifische Produktanforderungen**
   z.B.: Werft - Nähe Schifffahrtsweg, Elektronikindustrie - besondere Klimaanforderungen (Luftfeuchtigkeit, Luftreinheit, erschütterungsarmer Untergrund)

► **Arbeitskräfteorientierung**

z.B. Spezialisierung, Löhne

► **Attraktivität des Standortes**

z.B.: Bedeutung und Umfeld einer Stadt

Umgekehrt können auch **Ausschlusskriterien** abgeleitet werden, wie z. B.:

► Arbeitskräftesituation ungenügend

► Flächengröße und –zuschnitt ungeeignet

► Verkehrsanschlüsse nicht ausreichend

Mit dieser Vorauswahl kann es gelingen, die Anzahl zu betrachtender Standorte einzugrenzen.

Zur Bewertung globaler Standortfaktoren liegen umfangreiche Untersuchungen vor, die damit auch eine Entscheidung zur Standortauswahl unterstützen (/SCH 2012/ und /NYH 2008/). Detailliert werden hier die Kerngedanken zur Analyse der Produktstruktur (siehe auch Kapitel Funktionsbestimmung) dargestellt (Abb. 77 und 78) und Wege zur systematischen Beantwortung folgender Fragestellungen aufgezeigt:

▪ Welche Teile eines Produktes werden beschafft (Zukauf)?

▪ Welche Teile stelle ich selbst her (Kernkompetenz)?

▪ Welche Teile können außerhalb gefertigt werden?

Die Untersuchungen münden in einer Berechnung der Gesamtkosten, den Total Cost of Ownership (Einstandskosten, Handlingskosten, Steuerungs- und Systemkosten, Kosten mangelnder logistischer Prozesssicherheit, Transaktionskosten, Transportkosten, Währungskurseffekte, Bestands- und Qualitätskosten).

Eine zentrale Größe für die Entscheidung „Make or By" bzw. „Outsorcing" (outside resource using) bzw. die Fertigungstiefe[49] ist die **Kernkompetenz**.

---

[49] Die Fertigungstiefe (auch Produktionstiefe, Leistungstiefe) gibt eine Aussage zum Umfang der Eigenfertigung eines Unternehmens. Welche Bearbeitungsoperationen werden also im Unternehmen selbst ausgeführt (Original Equipment Manufacturer – OEM) und was überlässt man Zulieferern. Letztere können hierarchisch gestuft sein (Tier bzw. Zulieferer n-ter Stufe)

**Abbildung 77   Globales Varianten-Produktionssystem
(nach /NYH 2008/)**

Abbildung 78   Globalisierung / Fabrikplanung (nach /NYH 2008/)

Diese hängt ab von den Ressourcen eines Unternehmens, vor allem der personellen Situation (Kapazitäten, Fähigkeiten) und der Ausstattung mit Betriebsmitteln (Betriebsanlagen)[50].

Ausgehend vom Wertschöpfungsprozess in der Produktion bzw. den Wertschöpfungsumfängen wird im Rahmen der auch in KMU wirkenden Globalisierung bei Standortentwicklungen ebenso die Einbindung in Netzwerkkonzepte eine größere Rolle spielen. Die in der Autoindustrie zu beobachtende weitere Abnahme der Eigenfertigung und ein entsprechendes Wachstum der Zuliefererleistungen wird auch in einigen Bereichen der Holzindustrie seine Fortsetzung finden.

Die Zuliefererstruktur ist nicht „in Stein gemeißelt". Wertschöpfungs- und Beschaffungsstrategie werden sich im Rahmen fortschreitender Globalisierung weiterentwickeln.

Bei Zukaufteilen werden nach wie vor Lieferer in der Nähe (Einsparung Lager- und Kapitalkosten, kurze Transportwege beim Original Equipment Manufacturer – OEM) von Vorteil sein. Verschiebungen sind mit der Zunahme der Leistungsfähigkeit von Zulieferern in Niedriglohnländern zu erwarten, wobei standardisierbare Systeme und Module den „Schutz der Kernkompetenz" aufbrechen können. Inwieweit können Leistungen gleicher Art gebündelt werden, um so die Produktionskosten weiter zu reduzieren (Economies of Scale)?

Fremdbezug ist aber auch mit Beschaffungsrisiken verbunden.

Größere Kundennähe bzw. bessere Markterschließung, reibungsloser Vertrieb und Kundendienst, die Nutzung günstiger Standortfaktoren (z.B. niedrige Lohnkosten) und die Erfüllung von „Local Content" - Anforderungen fordern Unternehmen, über Aufbau und Betrieb an global verteilten Standorten nachzudenken.

---

[50] Vergleiche auch Ausprägung der Produktionsmittel (Arbeitskraft, Arbeitsgegenstände, Arbeitsmittel)

Nach dem Beispiel großer, bereits jetzt weltweit agierender Unternehmen werden zunehmend auch kleine und mittlere Unternehmen sich in solche globalen Netzwerke einbinden.

Die Einbeziehung einer Vielzahl von Einflussgrößen macht die Standortauswahl gegebenenfalls schwierig. Schließlich müssen alle den Standort bestimmenden Faktoren, die unterschiedlichstes Gewicht haben können, in den Entscheidungsprozess einfließen.

Ein sehr einfaches Verfahren zur Auswahl von Standortalternativen ist die **Punktbewertung** (Tabelle 11). Am Beginn sollte die Frage stehen, ob ein Faktor von vornherein einen bestimmten Standort ausschließt, um dies bei Vorauswahl möglicher Standortalternativen bereits berücksichtigen zu können.

Tabelle 11 **Standortauswahl mittels Punktbewertung**

Standortfaktoren	Standort			
	1	2	3	4
Regionale Akzeptanz	4	3	5	2
Lage zu Wohngebieten	5	2	4	1
Einordnung in ein Industriegebiet	3	4	4	2
Geeignete Fläche	2	5	5	4
Transportaufwands -minimierung	3	2	1	5
. . .	. . .	. . .	. . .	. . .
Punktsumme	56	63	72	48

Je nach Vergabe der Punkte (hier werden viel Punkte für den anzustrebenden Zustand vergeben) ist die Variante mit der höchsten Punktzahl die Vorzugsvariante.

Da die Vergabe von Punkten für alle Standortfaktoren im gleichen Punktzahlbereich erfolgt, bleibt das unterschiedliche Gewicht differenzierter Einflussgrößen unberücksichtigt. Demnach ist die Punktbewertung nur dann anzuwenden, wenn den herangezogenen Standortfaktoren ungefähr gleiches Gewicht zukommt.

Besser geeignet ist die **Nutzwertanalyse** (auch als gewichtete Punktbewertung bezeichnet), die die spezifische Bewertung bzw. Beurteilung der Einflussgrößen am jeweiligen Standort mit einer Kriteriengewichtung kombiniert.

Die Nutzwertanalyse ist ein Hilfsmittel, um quantifizierbare und nichtquantifizierbare Kriterien bei der Auswahl der Alternativen komplex zu berücksichtigen. Eine ausführliche Beschreibung des Verfahrens einschließlich Beispielrechnung siehe unter Kapitel 7.4 „Layoutbewertung".

8.1.3 Genehmigungsplanung

Fabrikplanerische Vorhaben müssen sich bei der Standortplanung und Genehmigungsplanung in die Raumordnung (Landesplanung und Regional-planung) sowie die kommunale Planung (Bauleitplanung) einordnen (siehe dazu auch Tabelle 12). Einige generelle **Zielstellungen** der Genehmigungsplanung sollen vorab genannt werden. Kernanliegen sind:

➢ langfristige und abgestimmte Planung
(Vermeidung von Konflikten mit den Betroffenen bzw. der Öffentlichkeit sowie der Planungsträger untereinander)
➢ Abstimmung der Einzelplanungen im Interesse des Ganzen
➢ Herstellung gleichwertiger Lebens- und Arbeitsbedingungen in allen Landesteilen (Artikel 20 des Grundgesetzes, Sozialstaatsprinzip)
➢ Erhaltung der natürlichen Lebensgrundlagen

Tabelle 12   Raumordnung, Landesentwicklung und kommunale Planung (am Beispiel des Freistaates Sachsen)

Raumordnung (Raumordnungsplan)	• Landesplanung z.B. Landesentwicklungsplan Sachsen
	• Regionalplanung - Regionalpläne - gegebenenfalls Fachentwicklungspläne
Kommunale Planung	• Bauleitplanung - Flächennutzungspläne - Bebauungspläne - Begrünungspläne u.a.

Für die **Raumordnung** und **Landesplanung** sind Grundsätze, Leitvorstellungen und Orientierungen rechtlich geregelt (siehe dazu auch Raumordnungsgesetze und Raumordnungsverordnungen von Bund und Ländern), die in Landesebene durch Landesentwicklungspläne, Fachliche Entwicklungspläne und durch Regionalpläne der Regionalen Planungsverbände präzisiert werden.

Anhand dieser Pläne werden raumbedeutsame Einzelvorhaben auf ihre Vereinbarkeit mit der angestrebten Entwicklung durch Stellungnahme der jeweils zuständigen Raumordnungsbehörde geprüft.

Wichtige Informationsgrundlage der höheren Raumordnungsbehörde ist das Raumordnungskataster (kartenmäßige Darstellung aller wichtigen Vorhaben, geordnet nach Fachbereichen).

Das Raumordnungskataster steht allen öffentlichen und privaten Planungsträgern zur Einsichtnahme offen.

Das Raumordnungsgesetz /ROG/ geht von folgenden **Leitvorstellungen** aus:

- Verantwortung gegenüber künftigen Generationen
- Schutz und Entwicklung der natürlichen Lebensgrundlagen
- Standortvoraussetzungen für wirtschaftliche Entwicklungen schaffen
- Gestaltungsmöglichkeiten der Raumnutzung langfristig offen halten
- prägende Vielfalt der Teilräume stärken
- gleichwertige Lebensverhältnisse in allen Teilräumen herstellen
- räumliche Voraussetzungen für den Zusammenhalt im europäischen Raum schaffen

Auch die dort nachfolgenden grundsätzlichen **Orientierungen** benennen eine Anzahl von Anforderungen, die eine nachhaltige Entwicklung befördern sollen, so z.B.:

- eine ausgewogene Siedlungs- und Freiraumstruktur
- die Schaffung ausgeglichener wirtschaftlicher, infrastruktureller, sozialer, ökologischer und kultureller Verhältnisse in den Teilräumen ist anstreben
- die räumliche Konzentration der Siedlungtätigkeit und Ausrichtung auf ein System leistungsfähiger Zentraler Orte
- die Sicherung verdichteter Räume als Wohn-, Produktions- und Dienstleistungsschwerpunkte
- die Wiedernutzung brachgefallener Siedlungsflächen vor der Inanspruchnahme von Freiflächen
- die Erhaltung und Entwicklung der Freiraumstruktur
- die Sicherstellung technischer Infrastrukturleistungen sowie des Personen- und Güterverkehrs
- die Erhaltung funktionsfähiger Böden, Wasserhaushalt, Tier- und Pflanzenwelt

Der **Landesentwicklungsplan** (LEP) ist für alle Planungsträger verbindlich und bestimmt die längerfristige Entwicklung im Land.

Fachliche Entwicklungspläne enthalten Grundsätze und Ziele der Raumordnung und Landesplanung für wichtige Fachbereiche, in denen zur Entwicklung des Landes die Planschärfe des LEP nicht ausreichend ist.

Die Konkretisierung der allgemein gehaltenen Ziele des LEP nach den regionalen Besonderheiten erfolgt in den **Regionalplänen**, die verbindlich für das Handeln der öffentlichen Hand und richtungsweisend für die Bevölkerung der Region sind.

Die bauliche und sonstige Nutzung von Grundstücken in Gemeinden wird durch die **Bauleitplanung** festgelegt.

Diese erfolgt in zwei Stufen, der **Flächennutzungsplanung** (Aussagen über die Art der Flächennutzung des gesamten Gemeindegebietes) und der **Bebauungsplanung** (detaillierte und verbindliche Festlegungen für Teilbereiche des Gemeindegebietes).

Die Flächennutzungsplanung wird auch als „vorbereitende" und die Bebauungsplanung als „verbindliche" Bauleitplanung bezeichnet.

Während der Flächennutzungsplan als grobmaschiges Planungsinstrument für die nächsten 10 bis 15 Jahre gilt, erfasst der Bebauungsplan Teilgebiete der Gemeinde, hängt von der zu lösenden Planungsaufgabe ab und wird von der Gemeinde als Satzung (rechtlicher Rahmen der städtebaulichen Planung) beschlossen (siehe auch in /LEIT 2012/).

Neben Baugenehmigungen (dazu später) nehmen immissionsschutzrechtliche Genehmigungsverfahren einen wichtigen Platz ein. Aus der Vielzahl relevanter gesetzlicher Regelungen sollen nur die wichtigsten genannt werden:

- ➢ Bundesimmissionsschutzgesetz (BImSchG)
- ➢ Verordnung über genehmigungsbedürftige Anlagen (4.BImSchV)
- ➢ Verordnung über das Genehmigungsverfahren (9. BImSchV)
- ➢ Störfallverordnung (12. BImSchV)

> ➢ Wasserhaushaltsgesetz (WHG)
> ➢ Kreislaufwirtschaftsgesetz (KrWG)
> ➢ Gesetz über die Umweltverträglichkeitsprüfung (UVPG)
> ➢ Bundesnaturschutzgesetz (BNatSchG)

Ein zentrales Anliegen des Bundesimmissionsschutzgesetzes in Verbindung mit der 4. Bundesimmissionsschutzverordnung besteht darin, solche Anlagen zu identifizieren, von denen Gefahren für Mensch und Umwelt ausgehen können (ausgewiesen als „genehmigungsbedürftige Anlagen") und dafür Sorge zu tragen, dass bei ihrem Einsatz und Betrieb schädliche Umwelteinwirkungen jeglicher Art vermieden bzw. vermindert werden.[51]

Zur Prüfung der Zulässigkeit von Umwelteinwirkungen gewerblicher Investitionsvorhaben und ihrer Rechtmäßigkeit, aber auch zum Interessenausgleich zwischen Antragsteller und Betroffenen sowie zur Gewährung des Vertrauens- und Bestandsschutzes (gestützt auf die Erteilung einer behördlichen Genehmigung) sind je nach Umwelterheblichkeit, d.h. Auswirkungen auf Schutzgüter sowie Umfang und Komplexität eines Vorhabens, bestimmte Genehmigungsverfahren zur Erlangung einer behördlichen Entscheidung erforderlich.

Wohl kaum ein Fachgebiet steht so oft in der Kritik und wird heftig diskutiert. Einerseits werden schnelle Genehmigungsentscheidungen gefordert und Investitionen sollen keine unnötigen Verzögerungen erfahren, andererseits werden zu Recht wohlabgewogene, begründete Entscheidungen erwartet, die die öffentlich-rechtlichen Belange, den Schutz der Umwelt, der Nachbarschaft und der Allgemeinheit sichern.

Die Genehmigungsplanung vollzieht sich in unterschiedlichen Hierarchieebenen und unter Beachtung differenzierter Vorgaben, insbesondere zur Flächennutzung.

---

[51] Laut BImSchG müssen *„Menschen, Tiere, Pflanzen, der Boden, das Wasser und die Atmosphäre sowie Kultur - und sonstige Sachgüter vor schädlichen Umwelteinwirkungen geschützt werden".*

Industrielle- oder landwirtschaftliche Nutzung, Regelungen für Wohn-, Erholungs- und Kurgebiete, Verkehrsflächen u.a. gesellschaftliche Erfordernisse stellen die Genehmigungsplanung vor spezifische Anforderungen.

Entsprechend der Verfahrenskomplexität, Konzentrationswirkung[52] und Rechtswirkungen der getroffenen Entscheidungen gibt es die folgenden **Genehmigungsverfahren**[53]:

Ohne Einbeziehung der Öffentlichkeit:

> ➢ vereinfachte Verfahren[54]

Mit Einbeziehung der Öffentlichkeit:

> ➢ förmliche Verfahren
>
> ➢ förmliche Verfahren und Umweltverträglichkeitsprüfung (UVP)
>
> ➢ Planfeststellungsverfahren
>
> ➢ Planfeststellungsverfahren und UVP

Das Genehmigungsverfahren beginnt mit der schriftlichen Antragstellung und sollte durch Konsultationen mit der Genehmigungsbehörde (Vorgespräch; gegebenenfalls sogar Antragskonferenz) vorbereitet werden, um vor allem Klarheit über folgende Sachverhalte zu schaffen:

- Art, Umfang und Anzahl der Antragsunterlagen (Gliederung[55], Zeichnungen, Beschreibungen, weitere Unterlagen, Formulare)

- Geheimhaltungspflicht für spezifische Unterlagen

- Einbeziehung weiterer Genehmigungen, Behördenbeteiligung

- Mitwirkung der Öffentlichkeit

- Notwendigkeit von Gutachten

---

[52] Konzentrationswirkung heißt, dass weitere Genehmigungen, Erlaubnisse, Bewilligungen und Zulassungen anderer Rechtsgebiete **in einem Genehmigungsverfahren** eingeschlossen werden
[53] Sowohl für Neugenehmigungen als auch Genehmigungen für eine beabsichtigte **wesentliche Änderung** einer bestehenden genehmigungsbedürftigen Anlage. Eine detaillierte Erläuterung, was als wesentliche Änderung zu sehen ist, siehe z.B. in /HAN 2007/.
[54] Auf Antrag kann der Vorhabensträger auch hier ein förmliches Verfahren beantragen, um mehr Rechtssicherheit zu erlangen. Unterhalb der „Ebene Genehmigungsverfahren" siehe „Anzeigeverfahren".
[55] In /HAN 2008/ wird z.B. eine verbindliche Gliederung vorgegeben

- Gestaltung des zeitlichen Ablaufes

- gegebenenfalls Integration einer Umweltverträglichkeitsprüfung

Je nach Genehmigungsverfahren sind Zeit-, Arbeits- und Kostenaufwand recht unterschiedlich. Von Seiten der Behörden gibt es entsprechende Unterstützung (siehe z.B. /HAN 2007/; /HAN 2008/; /LEIT 2012/ und Abb. 79) und diese Handlungsanleitungen beziehen meist das breite Spektrum der Rahmenbedingungen (siehe Kapitel 2.2) mit ein.

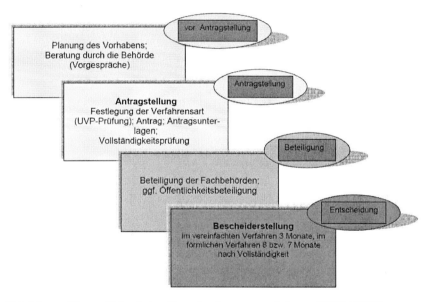

Abbildung 79   Ablauf der Genehmigungsverfahren /HAN 2007/

Förmliche Verfahren erfordern eine **öffentliche Bekanntmachung** des Vorhabens (d.h. Auslegung von Antrag und Unterlagen zur Einsicht - mit gewissen Einschränkungen zum Schutz von Geschäfts- und Betriebsgeheimnissen; Publikation im amtlichen Veröffentlichungsblatt bzw. Tageszeitungen).

Die Auslegungsfrist gibt Betroffenen die Möglichkeit, Einwendungen zu erheben, die dann in einem Erörterungstermin behandelt werden. Einbezogen sind die zuständigen Behörden und Körperschaften.

Gleichzeitig werden Stellungnahmen der Fachbehörden und gegebenenfalls Gutachten von Sachverständigen eingeholt.

Ergebnis des Genehmigungsverfahrens ist entweder eine Genehmigung oder der Ablehnungsbescheid.

Förmliche Genehmigungsverfahren vermitteln, im Gegensatz zum vereinfachten Genehmigungsverfahren, einen weitgehend abgesicherten **Bestandsschutz** und sind mit einer hohen **Konzentrationswirkung** ausgestattet[56].

Zur Erstellung der Antragsunterlagen soll ebenso auf inhaltsreiche Unterstützungen (siehe z.b. /HAN 2007/; /HAN 2008/; /LEIT 2012/) verwiesen werden.

Bei raumbeanspruchenden bzw. raumbeeinflussenden Vorhaben ist als höchste Stufe von Genehmigungsverfahren ein **Planfeststellungsverfahren** durchzuführen, welches in vielen Details und Formalisierungen über das oben genannte förmliche Verfahren hinausgeht.

Planfeststellungspflichtige Vorhaben sind z.B. Straßenbauten (Bundesstraßen und Autobahnen, Bundeswasserstraßen), Eisenbahnverkehrsablagen, Luftverkehrsanlagen, Deponien u.v.a..

Der Planfeststellungsbeschluss besitzt im Unterschied zur förmlichen Genehmigung eine umfassende **Konzentrations- und Gestaltungswirkung,** da alle vom Vorhaben berührten öffentlichen Belange bzw. sonstige behördlichen Entscheidungen einbezogen sind.

Gibt es während der Einwendungsfrist schriftliche Einsprüche gegen das Projekt, muss, wie auch beim förmlichen Genehmigungsverfahren, ein Erörterungstermin festgesetzt werden. Hier ist die Möglichkeit gegeben, über

---

[56] Zu den Möglichkeiten eines Vorbescheides bzw. von Teilgenehmigungen bei umfangreichen, langfristigen Vorhaben (Anlagen) zur Minderung des Investitionsrisikos siehe z.B. in /HAN 2007/.

die Interessenunterschiede zu beraten und einen Abgleich zu finden. Die Behörde nimmt die Einwände entgegen, erarbeitet eine Stellungnahme und schickt sie an die Planfeststellungsbehörde (soweit nicht identisch). Mit Planfeststellungsbeschluss wird die Entscheidung bekanntgegeben. Gibt es im Anhörungsverfahren keine Übereinstimmung, bleibt nur noch der Klageweg.

Die **Umweltverträglichkeitsprüfung** ist kein selbständiger Teil verwaltungsbehördlicher Verfahren, sondern Bestandteil des Genehmigungsverfahrens und dient der Entscheidung über die Zulässigkeit von Vorhaben. Sie soll für umweltrelevante Projekte (besonders große, die Umwelt belastende Anlagen) sicherstellen, dass diese unter dem Aspekt der Umweltvorsorge geplant und realisiert werden. Der Anwendungsbereich der UVP beschränkt sich in der Regel auf die, die in der Anlage 1 zu diesem Gesetz aufgeführt sind[57].

Im industriellen Bereich handelt es sich vor allem um immissions-schutzrechtlich genehmigungsbedürftige Vorhaben mit besonderer Umwelterheblichkeit sowie entsprechende Vorhaben wasser- und abfall-rechtlicher Art.

Die UVP ist ein Verfahren zur Beurteilung der voraussichtlichen Auswirkungen einer vorgesehenen Maßnahme auf die Umwelt und bezieht sich auf Projekte, die auch schon vorher nach dem Fachgesetz genehmigungspflichtig waren, jetzt aber noch einer speziellen UVP unterzogen werden. Demnach wird die UVP in das eigentliche Zulassungsverfahren integriert.

Die Erörterung des Untersuchungsrahmens (SCOPING) vor Einreichung der Antragsunterlagen ist nicht zwingend vorgeschrieben, wird aber dringend im Sinne der Vollständigkeit der Unterlagen empfohlen.

---

[57] *Dabei ist zu unterscheiden zwischen Anlagenarten, die in jedem Fall einer UVP zu unterziehen sind und Anlagenarten, bei denen eine Vorprüfung des Einzelfalls erst die Erforderlichkeit für die Durchführung einer Umweltverträglichkeitsprüfung (z.B. an einem sensiblen Standort) ergeben muss (Screening). Die Prüfung der Umweltverträglichkeit erfolgt im Rahmen des Genehmigungs-verfahrens. Meist erfordert sie zusätzliche Untersuchungen und Gutachten über die allgemein notwendigen Unterlagen hinaus /HAN 2007/*

„Bei dieser Besprechung (Scoping-Termin) sollten mit den beteiligten Fachbehörden und gegebenenfalls unter Hinzuziehung von Sachverständigen und Umweltverbänden folgende Schritte festgelegt werden:

- *Festsetzung des Untersuchungsrahmens*
- *Bestandserfassung und Bestandsbewertung der Umwelt*
- *Darstellung der Auswirkungen des geplanten Vorhabens*
- *prognostizierte Veränderungen der Umwelt bei Verwirklichung des Vorhabens*
- *technische Verfahrensalternativen"* /HAN 2007/

Die Umweltverträglichkeitsuntersuchung (UVU) ist die materiell-inhaltliche Untersuchung mit Datenerhebung und Analysen für die Umweltverträglich-keitsstudie (UVS) als das gutachterliche Untersuchungsergebnis mit Be-wertungsvorschlag und Empfehlung.

Auch die Zusammenfassung aller erforderlichen Unterlagen über die Umwelteinwirkungen in einem in sich geschlossenen, separaten Dokument wird als Umweltverträglichkeitsuntersuchung (UVU) bezeichnet.

Ist für die Zulassung *eine* Behörde zuständig, dann wird durch diese auch die UVP durchgeführt, sonst (d.h. die Zulassung ist durch mehrere Behörden erforderlich) wird eine federführende Behörde benannt, die alle Arbeiten koor-diniert.

Auf die Genehmigungsplanung soll hier noch aus Sicht der Bauplanung eingegangen werden. In den meisten Fällen wird eine **Baugenehmigung** gefordert. Unabhängig davon, dass der Architekt Einreicher des Bauantrages ist, muss der Fabrikplaner entsprechende Arbeiten zur Zusammenstellung eines Bauantrags mit dem Ziel der Erteilung einer Baugenehmigung erbringen. So gehört zum Bauantrag und Layout auch eine Betriebsbeschreibung (siehe auch später), deren Inhalte vornehmlich dem Fabrikplanungsprojekt entspringen.

Ein zentrales Regelwerk für die Genehmigungsplanung stellt hier die Baunutzungsverordnung /BAU/ dar, die z.B. zur baulichen Ausprägung und Orientierungen zur Nutzung von Bauwerken in Gebieten bis hin zum Maß der baulichen Nutzung (Maß der Bebauung bzw. bebaubare Fläche eines Grundstückes) spezifische Festlegungen trifft.

Nach dieser Verordnung sind die für die Bebauung vorgesehenen Flächen entsprechend der Art ihrer baulichen Nutzung in **Bauflächen** (Flächennutzungsplan) und **Baugebiete** (Bebauungsplan) wie folgt gegliedert:

Bauflächen im Flächennutzungsplan:

1. Wohnbauflächen (W)

2. gemischte Bauflächen (M)

3. gewerbliche Bauflächen (G)

4. Sonderbauflächen

Baugebiete im Bebauungsplan:

1. Kleinsiedlungsgebiete (WS)

2. reine Wohngebiete (WR)

3. allgemeine Wohngebiete (WA)

4. besondere Wohngebiete (WB)

5. Dorfgebiete (MD)

6. Mischgebiete (MI)

7. Kerngebiete (MK)

8. Gewerbegebiete (GE)

9. Industriegebiete (GI)

10. Sondergebiete, die der Erholung dienen

Nach Baunutzungsverordnung ist das Maß der baulichen Nutzung vorgegeben (siehe Tabelle 13) und die gebietsbezogene Nutzung ist darin geregelt.

Tabelle 13 Obergrenzen für die Bestimmung des Maßes der baulichen Nutzung (nach /BAU/)

Baugebiet	Grund-flächen-zahl (GRZ)	Geschoss-flächenzahl (GFZ)	Baumassen-zahl (BMZ)
in Kleinsiedlungsgebieten (WS)	0,2	0,4	-
in reinen Wohngebieten (WR) allgemeinen Wohngebieten (WA) Ferienhausgebieten	0,4	1,2	-
in besonderen Wohngebieten (WB)	0,6	1,6	-
in Dorfgebieten (MD) Mischgebieten (MI)	0,6	1,2	-
in Kerngebieten (MK)	1,0	3,0	-
in Gewerbegebieten (GE) Industriegebieten (GI) sonstigen Sondergebieten	0,8	2,4	10,0
in Wochenendhausgebieten	0,2	0,2	-

- Grundflächenzahl (GRZ) - Verhältnis der für eine Bebauung zulässigen Fläche zur Grundstücksfläche (GRZ = Grundfläche baulicher Anlagen/Grundstücksfläche)
- Geschossflächenzahl (GFZ) - Verhältnis der Summe aller Geschossflächen zur Grundstücksfläche (GFZ = $\sum$ Geschoss-flächen/Grundstücksfläche)
- Baumassenzahl (BMZ) - Verhältnis des umbauten Raumes zur Grundstücksfläche (BMZ = Baumasse in m^3/Grundstücksfläche)

Hinsichtlich gebietsbezogener Nutzung sind beispielsweise in Kleinsiedlungsgebieten als Gewerbebetriebe nur Gartenbaubetriebe, Läden,

Gastwirtschaften, nicht störende Handwerksbetriebe und nicht störende Gewerbebetriebe zulässig. In reinen Wohngebieten sind nicht störende Gewerbebetriebe nur ausnahmsweise zugelassen. Geschäfts- und Bürogebäude sowie sonstige Gewerbebetriebe sind erst in besonderen Wohngebieten und Mischgebieten zulässig.

In Gewerbegebieten ist die Unterbringung von nicht erheblich belästigenden Gewerbebetrieben aller Art (z.B. normale Industriebetriebe, Lagerhäuser, Lagerplätze, Geschäfts-, Büro- und Verwaltungsgebäude) möglich. In Industriegebieten sollen solche Gewerbebetriebe untergebracht werden, die in anderen Baugebieten unzulässig sind, weil sie erheblich belästigend wirken.

Die Baunutzungsverordnung ist eine wesentliche Grundlage für die bauordnungsrechtlichen und bauplanungsrechtlichen Genehmigungsvoraussetzungen[58].

Die Genehmigungsplanung für ein Bauwerk ist in die kommunale Planung / Bauleitplanung (Flächennutzungspläne, Bebauungspläne) eingeordnet. Die Bebauungspläne (siehe Abb.80) müssen neben spezifischen Vorschriften berücksichtigen:

1.   das Maß der Bebauung

2.   Abstandsflächen

3.   die Art der baulichen Nutzung

4.   die Bauweise

5.   die Baulast

6.   Baulinien und -grenzen

---

[58] Architekt und Bauingenieur sind antragsberechtigt und besitzen eine Registriernummer beim Bauaufsichtsamt

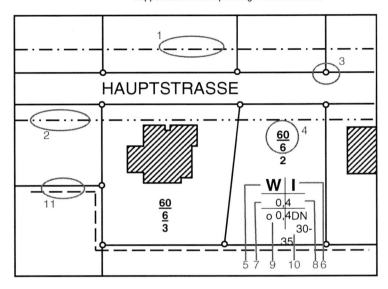

Abbildung 80   Bebauungsplan / Beispiel

(Quelle: http://www.baumarkt.de/nxs/1030///baumarkt/schablone1/Der-Bebauungsplan-eine-ausfuehrliche-Texterlaeuterung)

Dem Aufgabenspektrum des Fabrikplaners entsprechend sind von ihm bei Neuplanungs-Projekten wesentliche Zuarbeiten zur Betriebsbeschreibung für den Bauantrag zu leisten (siehe dazu auch in /KFGV 1998/), so z.B.:

1. Art des Betriebes

2. Betriebs- und Verfahrensbeschreibung

3. Layoutbeschreibung

4. Einwirkung durch Emissionen

5. Abwasserbelastung

6. Abfallstoffe

7. Lärmemission

8. Arbeitszeit des Betriebes

9. Fahrverkehr

10. Sanitär

11. Pause und Erholung

12. Raumklima

13. Beleuchtung

14. Arbeitsschutz

15. Brandschutz

16. Lagerung feuer-, explosions- oder

17. Zahl der Beschäftigten

gesundheitsgefährdender Erzeugnisse

8.2 Beleuchtung in Arbeitsstätten
8.2.1 Beleuchtung / Arbeits- und Planungsprozess

Die Sehbedingungen sind ein wichtiger Bestandteil eines optimalen Arbeitsumfeldes. Dies wird auch damit begründet, dass ungefähr 80% der vom Menschen verarbeiteten Informationen visuell sind. Sehaufgaben müssen also effektiv und in guter Qualität durchgeführt werden können.

Nachweisbar ist die Zunahme der Leistung durch Erhöhung der Beleuchtungsqualität. Gute Sehleistungen und angepasster Sehkomfort setzen entsprechende Beleuchtungssysteme voraus.

Eine richtige Beleuchtung kann eine Vielzahl von Vorteilen mit sich bringen, so z.B.:

- höhere **Produktivität** durch bessere Konzentrationsfähigkeit, geringere Ermüdung und größere Ausdauer
- bessere **Qualität** der Produkte (z.B. weniger Ausschuss) und des Produktionsprozesses (Abnahme von Arbeitsunfällen, positive Wirkungen heller Räume auf Psyche und Wohlbefinden des Menschen) und damit auch
- geringere **Kosten**

Es werden also insgesamt durch die Beleuchtung positive Wirkungen auf die Gesundheit, Arbeitsleistung und Zufriedenheit der Beschäftigten erreicht (siehe auch /GÖR 2008/).

Die Arbeitsstättenverordnung /ARB 2010/ erhebt die Forderung:

„Die Arbeitsstätten müssen möglichst ausreichend Tageslicht erhalten und mit Einrichtungen für eine der Sicherheit und dem Gesundheitsschutz der Beschäftigten angemessenen künstlichen Beleuchtung ausgestattet sein."

und es werden Mindestanforderungen an die Beleuchtung insbesondere aus Sicht der Vermeidung bzw. Vorbeugung von Unfallgefahren sowie des Gesundheitsschutzes betont. Eine Konkretisierung der Anforderungen an das

Errichten und Betreiben der Beleuchtung in Arbeitsstätten liegt mit der Regel für Arbeitsstätten ASR A 3.4[59] „Beleuchtung" /ASR A3.4/ vor.

Ziel ist hier die:

„Gewährleistung der Sicherheit und des Gesundheitsschutzes der Beschäftigten am Arbeitsplatz durch Festlegung von Anforderungen an die Beleuchtung zur gesundheitsgerechten Erledigung der Sehaufgaben".

Diese ASR A3.4 findet Anwendung für die natürliche und künstliche Beleuchtung von Arbeitsstätten und gibt z.b. Antworten zu folgenden Sachverhalten:

- Definition entsprechender Betrachtungsbereiche für die Beleuchtung (Teilflächen, Arbeitsflächen, Bewegungsflächen, Umgebungsbereich) sowie lichttechnischer Basisgrößen
- Hinweise zu ausreichendem Tageslicht
- Maßnahmen zur Begrenzung der Blendung[60]
- Anforderungen an die künstliche Beleuchtung in Gebäuden (Mindestwerte der Beleuchtungsstärke und der Farbwiedergabe für Arbeitsräume, Arbeitsplätze und Tätigkeiten einschließlich genereller Anforderungen an weitere Gütemerkmale – siehe später)
- Hinweise zu orientierenden Messungen

Darüber hinaus sollen die guten Sehbedingungen auch unter dem Aspekt hoher Energieeffizienz erreicht werden.

Im Zusammenwirken mit dem Beleuchtungsspezialisten muss der Fabrikplaner die Voraussetzungen dafür schaffen, dass die unterschiedlichsten Tätigkeiten in einer Fertigungsstätte unter optimalen Beleuchtungsverhältnissen stattfinden können.

---

[59] Diese ASR A3.4 beruht auf der Berufsgenossenschaftlichen Regel BGR 131, Teil 2 „Leitfaden zur Planung und zum Betrieb der Beleuchtung" des Fachausschusses „Einwirkungen und arbeitsbedingte Gesundheitsgefahren" der Deutschen Gesetzlichen Unfallversicherung (DGUV) – siehe auch angesprochenes Kooperationsmodell

[60] Zur Beachtung: Hinweise bezüglich übermäßiger Sonneneinstrahlung siehe in ASR A3.5 „Raumtemperatur" /A3.5/

Es muss also jeweils eine für die Nutzung angepasste Beleuchtung gefunden werden.

Eine Reihe von Fragestellungen zur Beleuchtung müssen aus der komplexen Sicht durch den Fabrikplaner im Zusammenhang mit dem Gesamtprozess beantwortet werden:

▷ Welche spezifischen Sehaufgaben resultieren aus dem Tätigkeitsspektrum und der Arbeitsumgebung (Art der Tätigkeit, Größe und Farbe des Sehobjektes, Dauer der Sehaufgabe, Aspekte der Arbeitssicherheit und des Gesundheitsschutzes, räumliches Sehen, Schattenbildung, Blendung usw.)?

▷ Welche Wechselwirkungen zwischen dem Fertigungsstättenlayout (insbesondere dem Maschinenaufstellungsplan) und der Beleuchtungsgestaltung sind zu beachten?

▷ Was muss bei der Einordnung der Beleuchtungsanlage in die Fertigungsstätte bei unterschiedlichster Ausstattung (Einsatz von Überflurtransportmitteln, übrige Haus- und Versorgungstechnik...) berücksichtigt werden?

▷ Welche Beziehungen der Beleuchtung zur Farbgestaltung bzw. Farberkennung sind zu beachten und wie werden durch das Industriebauwerk die künstliche und natürliche Beleuchtung beeinflusst?

Das sind Fragestellungen, die der Fabrikplaner aus seinem komplexen Projektwissen ableiten kann, um damit die Aufgabenstellung für den Beleuchtungsplaner zu artikulieren bzw. gemeinsam mit dem Spezialprojektanten eine Lösung zu finden. Als Koordinator benötigt er dazu beleuchtungstechnische Grundkenntnisse[61].

---

[61] Auf nähere Erörterungen zur Sicherheitsbeleuchtung bzw. Notbeleuchtung wird in den weiteren Ausführungen verzichtet.

8.2.2 Lichttechnische Basisgrößen

Sichtbares Licht ist der vom Auge wahrgenommene Strahlungsbereich mit der Wellenlänge von 380 nm (violett) bis 780 nm (rot)[62]. Wenn Zusammenhänge zur Auswahl und Dimensionierung von Beleuchtungsanlagen erläutert werden, setzt dies die Kenntnis der wichtigsten lichttechnischen Grundgrößen voraus. Eine zentrale Größe für die Lichtleistung einer elektrischen Lampe[63] ist der **Lichtstrom** Φ in Lumen (lm). Mit der Angabe des Lichtstromes erhält man eine Aussage zur Größe des Strahlungsflusses einer Lichtquelle. Als bezogene Größe wird die **Lichtausbeute** in lm/W zur Einschätzung der Effektivität einer Lampe herangezogen. Beispiel:

▷ Glühlampe mit elektrischer Anschlussleistung von 100 W $\quad$ $\Phi = 1380$ lm

$\qquad\qquad\qquad\qquad\qquad\qquad\qquad\qquad\qquad\qquad\qquad$ (13,8 lm/W)

▷ Energiesparlampe 23 W $\qquad\qquad\qquad\qquad\qquad$ $\Phi = 1550$ lm

$\qquad\qquad\qquad\qquad\qquad\qquad\qquad\qquad\qquad\qquad\qquad$ (67,39 lm/W)

Die von einer Lichtquelle ausgesendete **Lichtstärke I** in Candela (cd) wird wie folgt definiert (Abb. 81):

$$I = \frac{\Phi}{\Omega}$$

Φ $\qquad$ Lichtstrom in lm

Ω $\qquad$ Raumwinkel in Steradiant sr (1 sr = 1 m^2 / 1 m^2)

wobei:

$$\Omega = \frac{A}{r^2}$$

---

[62] < 380 nm (Nanometer = 10^{-9}m) Ultraviolettstrahlung; > 780 nm Infrarotstrahlung
[63] Eine Lampe ist die technische Ausführung einer künstlichen Lichtquelle, die in erster Linie zur Lichterzeugung bestimmt ist, also leuchten oder beleuchten soll /DIN 5053/;an gleicher Stelle ist eine Lichtquelle als Sender elektromagnetischer Strahlung im Wellenlängenbereich der sichtbaren Strahlung zwischen 380 nm und 780 nm definiert.

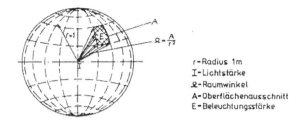

r = Radius 1m
I = Lichtstärke
Ω = Raumwinkel
A = Oberflächenausschnitt
E = Beleuchtungsstärke

Abbildung 81   **Einheitskugel mit quasi punktförmiger Lichtquelle**

Die auf der Fläche (Arbeitsfläche) empfangene Beleuchtungsstärke E in Lux (lx) bzw. (lm/m^2) beträgt:

$$E = \frac{\Phi}{A}$$

A   Fläche in m^2

Die Beleuchtungsstärke ist die zentrale Größe zur Beurteilung des Beleuchtungsniveaus. Da nie ein völlig gleiches Niveau der Beleuchtungsstärke an jedem Punkt im Raum praktisch realisierbar ist, wird von einer mittleren Beleuchtungsstärke Ē als arithmetischer Mittelwert der Beleuchtungsstärken in einem Raum bzw. in einer Raumzone ausgegangen. Auf diese mittlere Beleuchtungsstärke bezieht sich der noch zu erläuternde Mindestwert der Beleuchtungsstärke (siehe 8.2.4.1).

Ein Maß für die Flächenhelligkeit bzw. den Helligkeitseindruck und damit die Blendungsbewertung ist durch die mittlere **Leuchtdichte L** in Candela / m^2 (cd/m^2) gegeben.

$$L = \frac{I}{A}$$

Der Helligkeitseindruck leuchtender Flächen ist der Leuchtdichte proportional und hängt vom Reflexionsgrad des Materials ab.

Das Verhältnis des von einer Fläche zurückgeworfenen bzw. reflektierten Lichtstromes zum einfallenden Lichtstrom kennzeichnet der Reflexionsgrad ρ

(Tabelle 14 und Abb. 82). Die Farbauswahl ist unmittelbar mit der Wahl des Reflexionsgrades verknüpft.

$$\rho = \frac{\Phi_{\text{reflektiert}}}{\Phi_{\text{einfallend}}}$$

Nach /DIN 12464/ werden für die Hauptflächen folgende Reflexionsgrade vorgeschlagen:

- Decken von 0,6 bis 0,9
- Wände von 0,3 bis 0,8
- Arbeitsflächen von 0,2 bis 0,6 und
- Böden von 0,1 bis 0,5

Tabelle 14 Reflexionsgrad einiger Farben /BUL 1994/

Farbe	Reflexions-grad		
	Hell	**mittel**	**dunkel**
Gelb	0,70	0,50	0,30
Beige	0,65	0,45	0,25
Braun	0,50	0,25	0,08
Rot	0,35	0,20	0,10
Grün	0,60	0,30	0,12
Blau	0,50	0,20	0,05
Grau	0,60	0,35	0,20
Weiß	0,80	0,60	-
Schwarz	-	0,04	-

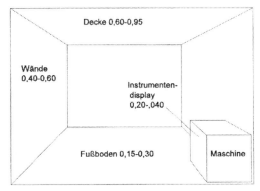

Abbildung 82   Empfohlene   Reflexionsgrade   für   die   Farbwahl   in Räumen /BUL 1994/

Aus   Sicht   möglichst   effektiver   Beleuchtung   im   Raum   sind   hohe Reflexionsgrade (helle Farben) wünschenswert.

Beispiele   von   Reflexionsgraden   einiger   eingesetzter   Baustoffe, Wandverkleidungen, Anstriche und Materialien siehe in Tabelle 15.

Wie an anderer Stelle noch kurz ausgeführt werden soll, hat die Farbwahl auch psychologische Wirkungen.

Der   Kontrast   K   beschreibt   den   Helligkeitsunterschied (Leuchtdichteunterschied) zwischen zwei Flächen:

$$K = \frac{L_2 - L_1}{L_2}$$

L_1, L_2 Leuchtdichte der Fläche 1, 2   ($L_2 > L_1$)

Hinsichtlich der Verteilung der Leuchten im Raum bzw. der zu beleuchtenden Bereiche   stellt   sich   die   Frage,   welche   **Beleuchtungssysteme** (Beleuchtungskonzepte)   kommen   zum   Einsatz.   Hier   haben   sich unterschiedliche Bezeichnungen durchgesetzt (u.a. /DIN 12464/, /ZVEI 2005/ und /ASR 3.4/):

Tabelle 15 Reflexionsgrade nach /NEU 2009/

Wandverkleidungen, Anstriche, Materialien	Reflexionsgrad
Weiße Wandverkleidung	0,7 – 0,85
gelbe Wandverkleidung	0,5 – 0,7
rote Wandverkleidung	0,3 – 0,5
Graue oder braune Wandverkleidung	0,25 – 0,5
grüne oder blaue Wandverkleidung	0,15 – 0,45
Reinaluminium, poliert	0,65 – 0,75
Reinaluminium, matt	0,55 – 0,60
Chrom, glänzend	0,6 – 0,7
Messing, blank	0,5 – 0,6
Stahl, blank	0,55 – 0,6
Beton	0,2 – 0,3
Weißblech	0,65 – 0,7
heller Mörtel	0,4 – 0,5
Gelber Ziegelstein	0,35 – 0,4
roter Ziegelstein	0,15 – 0,25
helle Holzplatten	0,4- 0,5
Weiße Kacheln	0,6 – 0,75
weißes Porzellan	0,6 – 0,8
weißes Email	0,65 – 0,75
weißer Lack	0,75 – 0,85
weißes Zeichenpapier	0,7 – 0,75
………..	

- „Allgemeinbeleuchtung" bzw. „Raumbezogene Beleuchtung" (gleichmäßig verteilte Leuchtenanordnung im Raum oder in Raumzonen so, dass möglichst eine gleichmäßige Beleuchtungsstärke erreicht wird). Dieses Beleuchtungskonzept unterstützt eine flexible

Anordnung der Arbeitsplätze.

- „arbeitsplatzorientierte Allgemeinbeleuchtung" bzw. „arbeitsbereichs-bezogene Beleuchtung" (Anordnung und Dimensionierung der Leuchten so, dass vornehmlich den spezifischen Anforderungen an die Beleuchtungsstärke der betrachteten Arbeitsplätze, Gruppenarbeits-plätze bzw. Arbeitsbereiche (z.B. einer Fließreihe) nachgekommen wird. Bei detaillierter Betrachtung müssen darüber hinaus natürlich auch die Umgebungsbereiche (Verkehrswege, Bewegungsflächen, Umschlag- und Lagerbereiche usw.) betrachtet werden.

- „Einzelplatzbeleuchtung" bzw. „Teilflächenbezogene Beleuchtung" (in der Regel Zusatzbeleuchtung zur Allgemeinbeleuchtung, um an bestimmten Arbeitsplätzen spezifische Sehaufgaben zu unterstützen bzw. sich den individuellen Erfordernissen anzupassen.

Diese Beleuchtungssysteme bzw. –konzepte treten einzeln oder in Kombination auf.

In obiger Betrachtung sind auch die aktuellen Definitionen der Flächen bzw. Bereiche nach /ASR A3.4/ enthalten, die wie folgt lauten:

- Bereich des Arbeitsplatzes
    - Arbeitsplatzflächen (Flächen für die „eigentliche" Arbeitsaufgabe)
    - Teilflächen (Fläche mit höheren Sehanforderungen innerhalb einer Arbeitsfläche)
    - Bewegungsfläche (Platz für wechselnde Arbeitshaltungen und Ausgleichsbewegungen)
- Umgebungsbereich (räumlicher Bereich, der sich dem Arbeitsplatz anschließt)

Detaillierte Erläuterungen zu den Bereichen der Sehaufgabe und dem unmittelbaren Umgebungsbereich einschließlich maßlicher Vorgaben liefert z.B. der ZVEI-Leitfaden /ZVEI 2005/. In der Beleuchtungstechnik wird zwischen **Lampen**[64] und **Leuchten** unterschieden.

Die **Lampe** ist die Lichtquelle, also der Teil der Leuchte, in dem der Strahlungsfluss (Lichtstrom) erzeugt wird. Je nach Wirkprinzip und konstruktiver Auslegung stehen unterschiedlichste Lampen zur Verfügung. Bereits mit der Lampenauswahl wird ein wichtiger Schritt zu einer guten Beleuchtungslösung vollzogen. Die Effizienz von Lampen kann am EU-Energielabel (siehe Effizienzklassen A grün – niedrigster Verbrauch bis G rot – höchster Verbrauch) erkannt werden.

Von den im industriellen Bereich verwendeten elektrischen Lampen kann nach dem Lichterzeugungsprinzip in Temperaturstrahler (Glühlampen, Halogenlampen[65]) und Entladungslampen unterschieden werden.

Obwohl Glühlampen keiner Anlaufzeit bedürfen, dimmbar sind und eine sehr gute Farbwiedergabe aufweisen, finden sie wegen der geringen Lichtausbeute im industriellen Bereich kaum noch Anwendung.

Dominierend im industriellen Bereich sind Entladungslampen, die in Niederdruck- und Hochdruckentladungslampen untergliedert werden.

Zur Gruppe der Niederdruckentladungslampen gehören die am weitesten verbreiteten Quecksilberdampf-Niederdrucklampen (als stabförmige Leuchtstofflampen bekannt), wo sich in einem Glaskörper zwischen den Elektroden in einer Gasfüllung (z.B. Mischung aus Argon und Krypton mit einigen mg Quecksilber) eine Gasentladung vollzieht.

Die entstehende ultraviolette Strahlung wird durch eine Leuchtstoffschicht auf der Innenseite des Glaskörpers in sichtbares Licht umgewandelt. Diese Leuchtstoffschicht bestimmt maßgeblich die Lichtqualität und die Effizienz der Lichterzeugung.

---

[64] teilweise auch als Leuchtmittel bezeichnet
[65] Halogengase im Lampeninneren verhindern, dass sich die aus der Glühwendel verdampfenden Metallgase auf der Kolbeninnenfläche niederschlagen (keine Kolbenschwärzung).Die Lebensdauer ist höher als bei Glühlampen und beträgt ca. 2 500 h.

Zu den wichtigsten Vorteilen der Entladungslampen gehören deren lange Lebensdauer, relativ gute Lichtausbeute und ansprechende Farbwiedergabeeigenschaften.

Leuchtstofflampen und Hochdruckentladungslampen mit elektronischen Vorschaltgeräten sind dimmbar.

Abzuwägen beim Einsatz von Entladungslampen ist zwischen hoher Lichtausbeute (Lichtspektrum vornehmlich im Bereich grün/gelb) und der Gewährleistung hoher Ansprüche an die Farbwiedergabe (breites Lichtspektrum).

Als platzsparende Weiterentwicklung herkömmlicher Leuchtstofflampen sind so genannte Kompaktleuchtstofflampen (auch „Energiesparlampen" genannt) entwickelt worden, die zunehmend im Wohnbereich, aber auch in Büroräumen Einsatz finden.

Bei den Hochdruckentladungslampen entsteht das sichtbare Licht direkt bei der elektrischen Entladung in Metalldämpfen, Gasen oder einer Mischung von beidem.

Da erst in der Zeitdauer einiger Minuten der notwendige Dampfdruck aufgebaut werden muss, benötigen diese Lampen eine bestimmte Anlaufzeit.

Hochdruckdampflampen gehören zu den energieeffizienten Lampen und haben sowohl im Außen- wie im Innenbereich ihr Einsatzfeld.

Natriumdampflampen werden wegen ihrer hohen Lichtausbeute auch im industriellen Bereich gern verwendet (z.B. Außenbeleuchtung auf Straßen und Wegen, Holzlagerplatz, Sägegatter u.ä.); durch ihre mäßige Farbwiedergabe ist der Anwendungsbereich allerdings eingegrenzt.

Die Halogen-Metalldampflampen haben in der Kategorie der Hochdruckentladungslampen die beste Farbwiedergabe und zeichnen sich durch eine hohe Lichtausbeute, geringe Anlaufzeit und lange Lebensdauer aus.

Zu den wichtigsten Auswahlkriterien für Lampen gehören:

- Leistungsumfang (Nennleistung) und erzeugter Lichtstrom ϕ (Größe, Impulscharakteristik)
- Lichtausbeute ϕ/P_{el}
- Lebensdauer in h
- Betriebsverhalten (Anlaufzeit / Wiederzündzeit / Dimmbarkeit)
- Lichtfarbe (ähnlichste Farbtemperatur in K und Farbwiedergabeindex R_n – siehe auch später) und Farbwiedergabeeigenschaften, Leuchtdichte
- Ausführungsformen
- Anschaffungs- und Betriebskosten

Zur Funktionsfähigkeit von Entladungslampen gehören Vorschaltgeräte und Starter.

Der Starter liefert kurzzeitig eine hohe Zündspannung, die Elektroden bleiben dann genügend warm, um die Gasentladung aufrechtzuerhalten. Die in Gang gekommene Gasentladung würde unkontrolliert ansteigen. Deshalb sorgen Vorschaltgeräte[66] (bei konventionellen VG eine Magnetspule, bei elektronischen VG transistorbasierte Schaltungen) für einen konstanten Stromfluss.

Manche Vorschaltgeräte vereinen beide Funktionen in einem Gerät.

Die **Leuchte** dient der Halterung der Lampe(n), der Lichtverteilung, der Streuung und der Blendungsbegrenzung und besitzt dazu entsprechende technische Ausprägungen.

In der Praxis werden die beiden Komponenten Lampe und Leuchte oft vereinfachend als „Beleuchtung" bzw. „Beleuchtungsanlage" bezeichnet.

Ein wesentliches Merkmal der Leuchten ist die Lichtverteilung in Richtung der Nutzebene (Abb. 83).

---

[66] KVG – konventionelles Vorschaltgerät, VVG – verlustarmes konventionelles Vorschaltgerät, EVG – elektronisches Vorschaltgerät

Lichtstromverteilungskurve von Leuchten (nach DIN 5040-2)

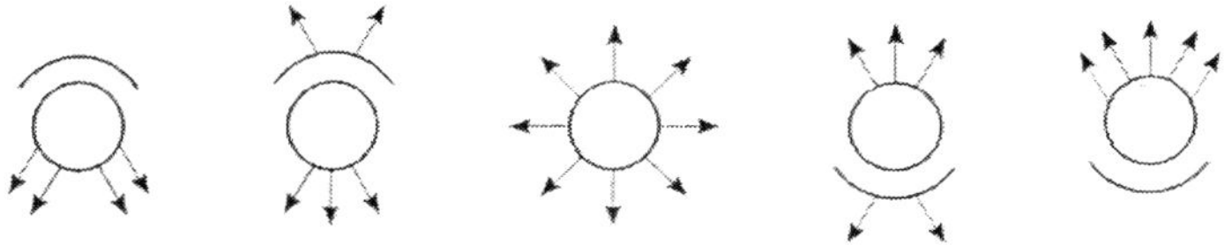

≥ 90% des Lichtstromes auf Nutzebene (NE)	über 60 bis 90% des Lichtstromes auf NE	über 40 bis 60% des Lichtstromes auf NE	über 10 bis 40% des Lichtstromes direkt auf NE	bis 10% des Lichtstromes auf NE
direkte-	vorwiegend direkte-	direkte- indirekte- Beleuchtung	vorwiegend indirekte-	indirekte-
A	B	Kennbuchstabe C	D	E

Abbildung 83 Lichtstromverteilung der Leuchten /DIN 5040/

Leuchten gibt es in den unterschiedlichsten Ausführungsformen und je nach Lenkung des Strahlungsflusses (breitstrahlend, tiefstrahlend, symmetrisch, unsymmetrisch) erfüllen sie spezielle Einsatzzwecke.

Der Leuchtenhersteller stellt für jede Leuchte eine Lichtverteilungskurve (Abb. 84) zur Verfügung, die u.a. für die Leuchtenanordnung (Abb. 85) und die Berechnung nach dem Lichtstärkeverfahren verwendet wird.

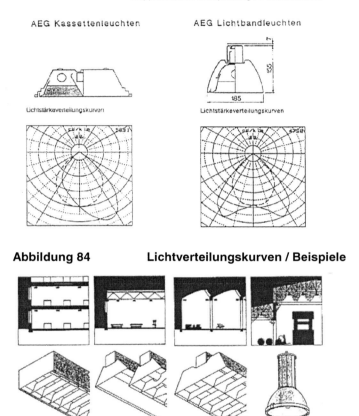

Abbildung 84   **Lichtverteilungskurven / Beispiele**

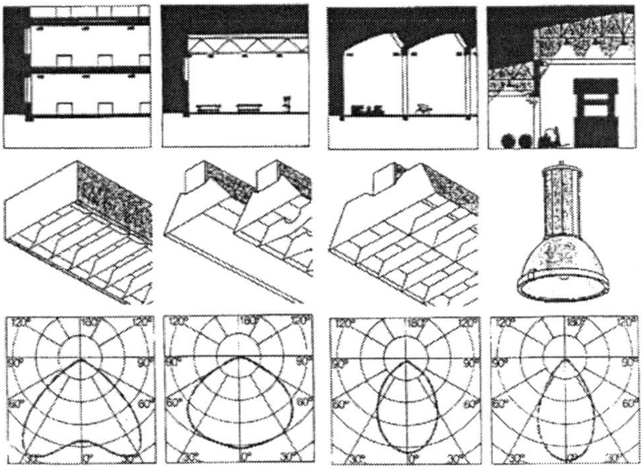

Abbildung 85   **Leuchten für Wohn-/Verwaltungsgebäude, Geschoss-bauten, Flachbauten mit und ohne Oberlichter und hohe Hallen sowie zugehörige Lichtverteilungskurven /GLI 2006/**

Die Lichtverteilungskurve LVK dokumentiert also die räumliche Verteilung der Lichtstärke.

Im Allgemeinen wird zwischen Leuchten für Beleuchtungszwecke (Aufhellung der Umwelt) und Leuchten für Leuchtzwecke (unmittelbare Wirkung auf das menschliche Auge) unterschieden. Zu beachten sind auch die Schutzart und die elektrische Schutzklasse.

Spiegelraster- und Spiegelreflektorleuchten erfahren wegen ihres hohen Leuchtenwirkungsgrades (siehe dazu auch später) eine zunehmende Verbreitung. Zu den Basisgrößen der Tageslichtbeleuchtung nur einige wenige Bemerkungen, soweit dies für das Verständnis nachfolgender Ausführungen notwendig ist.

Eine Aussage zum Beleuchtungsniveau an einem beliebigen Punkt im Raum wird bei der Tageslichtbeleuchtung über den Tageslichtqoutienten (Dayligth Factor) D vorgenommen (siehe dazu auch /DIN 5034/ oder /ASR A3.4/):

$$D = \frac{E_P}{E_a} \times 100 \quad \text{in } \%$$

E_P Beleuchtungsstärke an einem gewählter Punkt im Raum

E_a Beleuchtungsstärke außen, d.h. bei vollständig bedecktem Himmel im Freien ohne Verbauung

(angenommen werden 5000 lx nach /DIN 5034/)

Der Tageslichtquotient D an einem Punkt im Raum wird nach folgender Gleichung bestimmt:

$$D = D_H + D_V + D_I$$

D_H Tageslichtquotient, Himmelslichtanteil

D_V Tageslichtquotient, Verbauungsanteil

D_I Tageslichtquotient, Innenreflexionsanteil

Eine Hilfestellung für die Berechnung des Tageslichtquotienten gibt die /DIN18599/.

8.2.3 Tageslichtbeleuchtung

Die Innenraumbeleuchtung von Fertigungsstätten kann durch Tageslichtbeleuchtung (natürliche Beleuchtung) und künstliche Beleuchtung erfolgen. Künstliche Beleuchtung, auf die hier vorrangig eingegangen werden soll, ist bedingt durch schwankende Tageslichtverhältnisse und gegebenenfalls Nachtarbeit in fast jedem Falle vorzusehen.

Einige grundsätzliche Bemerkungen zur Tageslichtbeleuchtung sollen aber vorangestellt werden.

Die bereits oben genannten Anteile am Tageslichtquotienten, nämlich der Himmelslichtanteil, der Verbauungsanteil und der Innenreflexionsanteil, weisen bereits auf Fragestellungen bzw. Lösungsansätze für eine Verbesserung der Tageslichtbeleuchtung hin, so z.B.:

▷ Welche freien Lichtöffnungen haben maßgeblichen Einfluss auf den Tageslichtquotienten?

▷ Inwieweit sind diese Lichtöffnungen verstellt und was ist als Verbauungsanteil in die Betrachtung einzubeziehen (Bäume, benachbarte Bauwerke und dessen Reflexionsgrad)?

▷ Wie kann sich das Licht im Raum selbst ungehindert ausbreiten (Innenreflexionsanteil) und wie sind die Reflexionsverhältnisse? Gibt es Behinderungen der Lichtausbreitung z.B. durch Überflurtransportmittel?

Die Tageslichtbeleuchtung wird vor allem durch die Einordnung und Gestaltung der Fenster[67] (Seitenfenster) und Oberlichte[68] (Oberlichtöffnungen), hauptsächlich durch deren Größe und Abstände, geprägt. Dazu gab es im alten Arbeitsstättenrecht die Forderung, akzeptable Sichtverbindungen nach außen herzustellen, was z.B. in /ASR 7-1/ mit detaillierten Vorgaben zur Gestaltung der Fenster einherging und gegenwärtig

---

[67] Fenster - Ein Fenster ist eine Tageslichtöffnung in einer senkrechten oder nahezu senkrechten Raumbegrenzungsfläche /DIN 5034/
[68] Oberlicht - Ein Oberlicht ist eine Tageslichtöffnung im Dach oder in der Raumdecke eines Gebäudes

mit der bereits genannten DIN 5034-1 „Tageslicht in Innerräumen, Teil 1 Allgemeine Angaben" artikuliert wird[69].

Im Wesentlichen sind die Tageslichtverhältnisse durch Fenster und Oberlichter des Industriebauwerkes geprägt, so dass im Nachhinein der Einfluss des Fabrikplaners auf die Qualität der natürlichen Beleuchtung begrenzt ist. Auf Erfordernisse der Layoutgestaltung im Zusammenhang mit dem Tageslicht ist bereits bei der Layoutplanung eingegangen worden.

Da der Fabrikplaner im Falle einer Neuplanung auch auf die Gestaltung des Industriebauwerkes Einfluss nimmt, sollen einige grundlegende Wechselwirkungen zur Gebäudegestaltung erwähnt werden.

Hohe und möglichst gleichmäßig verteilte Tageslichtquotienten sind physiologisch erwünscht. Zur Gestaltung der Fenster gelten zusammengefasst folgende Orientierungen zur besseren Tageslichtnutzung (siehe auch in /GRA 1991/):

▷ Ein Verhältnis der Gesamtfensterfläche zur Fußbodenfläche von 1:5 ist in Arbeitsräumen zweckmäßig

▷ Hohe Fenster sind wirksamer als breite Fenster, da das Tageslicht tiefer in den Raum eindringen kann

▷ Ein wirksamer Sonnenschutz gegen Blendung und gegen Wärmestrahlung ist eine wichtige Forderung zur Sicherung eines visuell und klimatisch behaglichen Arbeitsraumes. Eine recht wirksame Maßnahme ist die äußere Beschattung durch regulierbare Vorrichtungen (Markisen, Jalousien, Rollos, Vorhänge)

▷ Jedes Fenster sollte direktes Tageslicht (Himmelslicht) erhalten und es ist anzustreben, dass von jedem Arbeitsplatz ein Himmelslichtanteil sichtbar ist

---

[69] Die außer Kraft gesetzte ASR 7/1 ist nach der Arbeitsstättenverordnung 2004/2010 zwar nicht mehr verbindlich, kann aber nach wie vor als Planungshilfe oder Orientierung für Normen verwendet werden

▷ Die Entfernung vom Fenster zum Arbeitsplatz sollte nicht größer sein, als die doppelte Fensterhöhe

▷ Die Entfernung zum nächsten Gebäude sollte mindestens doppelt so groß sein, wie die Höhe des gegenüberliegenden Gebäudes

▷ In Innenhöfen, aber auch in den Arbeitsräumen selbst, sollten möglichst helle Farben angewendet werden, da durch die erhöhte Lichtreflexion auch höhere Tageslichtquotienten erreicht werden können

Eine Allgemeinbeleuchtung, die bei Tageslichtbeleuchtung im gesamten Arbeitsraum gleiche oder ähnlich gute Sehbedingungen schafft, kann am ehesten mit Oberlichtern erreicht werden.

Grundsätzliche Hinweise zu Oberlichtformen gibt Abb. 86.

Form der Oberlichter	Beschreibung/ Hinweise
Sattelförmige Glasdächer	• Gute, ausgeglichene D-Werte (Voraussetzung, daß Achsabstand Glasdächer nicht größer als der Abstand Arbeitsplatz bis Unterkante Decke)
Firstglasdächer	• Glasbauten über der Längsachse der Werkhalle • Geeignet für hohe Hallen, bei denen die Arbeitsplätze in der Mitte die höchsten Anforderungen an die Beleuchtung stellen
Mansardglasdächer	• An abgeschrägten Seitenwänden über den Fenstern • Hohe D-Werte längs der Außenwände • Vergrößern Blendgefahr und geben der Raummitte nur wenig zusätzliches Tageslicht
Sägedächer oder Sheddächer	• Überdecken gesamten Arbeitsraum mit lichtdurchlässigem Glas • In der Regel verglaste Seite mit Neigungswinkel 60° nach Norden und lichtabsorbierende Fenster mit Neigungswinkel 30° nach Süden • Diese Anordnung ergibt höchste und gleichmäßigste D-Werte • Für breite Hallen empfehlenswert

Abbildung 86   **Gestaltungshinweise Oberlichter (nach /GRA 1991/)**

Häufige Ausführungsformen von Oberlichtern sind Lichtkuppeln und Lichtbänder. Die Helligkeit des Seitenlichts durch Fenster nimmt mit zunehmender Raumtiefe ab. Empfehlungen zur Größenordnung des gewünschten Tageslichtquotienten sind nach Tabelle 16 aufgezeigt.

Tabelle 16   Anforderungen an den Tageslichtquotienten /LV 2005/

Ansprüche an die Beleuchtung	Mindestwert des Tageslichtquotienten D in %
gering	1
mäßig	2
hoch	5
sehr hoch	10

Lichtkuppeln und Lichtbänder können über ihre Funktion zur Tageslichtbeleuchtung hinaus auch als Rauch- und Wärmeabzugsanlagen sowie zur natürlichen Be- und Entlüftung eingesetzt werden.

Neben den bereits genannten „Sichtverbindungen nach außen" wird die Nutzung von Tageslicht in Gebäuden entsprechend arbeitswissenschaftlicher Erkenntnisse empfohlen und mit Richtwerten bzw. Orientierungen zur Ausgestaltung belegt, so z.B. in /SOY 2012/, /GIE 2010/ und /DGUV 2010/:

- zur Raumtiefe
- zu Fensterabmessungen
- zum Fensterflächenanteil (Verhältnis lichtdurchlässiger Fläche zur Raumgrundfläche z.B. im Bereich von 1:10 bis 1:5)
- zum Tageslichtquotienten
- zu Reflexionsgraden der Raumumgrenzungsflächen und Arbeitsflächen

Die aktuelle Arbeitsstättenrichtlinie /ASR A3.4/ formuliert vereinfachend:

„Anforderungen nach ausreichendem Tageslicht werden erfüllt, wenn in Arbeitsräumen: am Arbeitsplatz ein Tageslichtquotient größer als 2%, bei Dachoberlichtern größer als 4% erreicht wird oder mindestens ein Verhältnis

von lichtdurchlässiger Fenster-, Tür- oder Wandfläche bzw. Oberlichtfläche zur Raumgrundfläche von mindestens 1:10 (entspricht ca. 1:8 Rohbaumaße) eingehalten ist. Die Einrichtung fensternaher Arbeitsplätze ist zu bevorzugen".

Und weiter: *„Eine gleichmäßige Lichtverteilung kann mit Dachoberlichtern erreicht werden, wenn der Abstand der Dachoberlichter voneinander nicht größer ist als die lichte Raumhöhe."*

8.2.4 Künstliche Beleuchtung / Beleuchtungssysteme
8.2.4.1 Beleuchtungsgüte / Anforderungen

Das Beleuchtungssystem soll Sehaufgaben wirksam unterstützen. Nach /DIN 12665/ unterscheiden sich diese durch:

- die Größe der auftretenden Leuchtdichte- und Farbkontraste

- die Größe der wesentlichen Strukturelemente (Details)

- die Geschwindigkeit, mit der diese wahrgenommen werden müssen

- die gewünschte Sicherheit des Erkennens und die

- Dauer der Seharbeit

Die Gestaltung einer optimalen Beleuchtung verlangt die Berücksichtigung einer Vielzahl von Einflussgrößen (Gütemerkmalen) (Abb. 87), wobei dies auch mit Forderungen nach Tageslichtanteil, Wirtschaftlichkeit (d.h. vor allem geringer Energieverbrauch und Wartungsaufwand), Berücksichtigung der Entsorgung bis hin zum Schutz von Insekten bei Außenbeleuchtung in Verbindung steht oder stehen kann

Eine zentrale Größe für die Beurteilung des Beleuchtungsniveaus ist die **Beleuchtungsstärke**. Zur konkreten Festlegung der erforderlichen Größe dieser Beleuchtungsstärke haben sich in der Fachliteratur unterschiedliche Begriffe etabliert, und zwar:

- der Mindestwert der Beleuchtungsstärke (ASR A3.4)

- die Nennbeleuchtungsstärke (alte ASR 7/3 und DIN 5053)

- Wartungswert der Beleuchtungsstärke (DIN EN 12464-1)

Bei der Festlegung einer Mindestbeleuchtungsstärke ist zu berücksichtigen, dass jede Beleuchtungsanlage einschließlich ihrer Umgebung im Laufe der

Zeit durch Alterung, Verschmutzung usw. von einem Rückgang der Beleuchtungsstärke ausgehen muss.

Deshalb wird bei der Projektierung einer Beleuchtungsanlage von einem Planungswert der Beleuchtungsstärke E_P ausgegangen, der sich z.B. aus der Multiplikation mit einem Planungsfaktor p ($\geq$ 1) ergibt (siehe dazu auch im Abschnitt 8.2.4.2).

Hier soll nach /ASR 3.4/ auf den Mindestwert der Beleuchtungsstärke eingegangen werden.

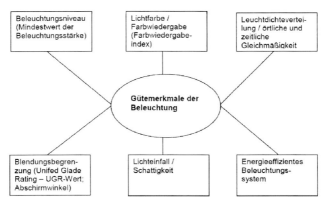

Abbildung 87   Gütemerkmale der Beleuchtung

Beim Einrichten und Betreiben von Arbeitsstätten sind die Mindestwerte[70] (vergleiche Tabellen 17, 18 und 19) einzuhalten. Dabei ist zu berücksichtigen, für welche Bewertungsfläche des Bereiches der Sehaufgabe (horizontal, vertikal, geneigt) der Mindestwert der Beleuchtungsstärke gilt.

---

[70] Begründungen für das Herauf- oder Herabsetzen dieser Werte durch die vorliegenden Praxisbedingungen siehe in /DIN 12464/

Tabelle 17 Mindestwerte für die Beleuchtungsstärke (Auszug) – Holzbe- und –verarbeitung /ASR A3.4/

23 Holzbe- und -verarbeitung				
23.1	Automatische Bearbeitung, z. B. Trocknung, Schichtholzherstellung	50	40	
23.2	Dämpfgruben	100	40	
23.3	Sägegatter	200	60	
23.4	Arbeiten an der Hobelbank, Leimen, Zusammenbau	300	80	
23.5	Schleifen, Lackieren, Tischlerei	750	80	
23.6	Arbeiten an Holzbearbeitungsmaschinen, z. B. Drechseln, Kehlen, Abrichten, Fugen, Schneiden, Sägen, Fräsen, Hobeln	500	80	
23.7	Auswahl von Furnierhölzern, Holzeinlegearbeiten	750	90	
23.8	Qualitätskontrolle	1000	90	

Tabelle 18 Mindestwerte für die Beleuchtungsstärke (Auszug) – Lager; Allgemeine Bereiche, Tätigkeiten und Aufgaben /ASR A3.4/

2 Lager				
2.1	Versand- und Verpackungsbereiche	300	60	
2.2	Lagerräume für gleichartiges oder großteiliges Lagergut	50	60	
2.3	Lagerräume mit Suchaufgabe bei nicht gleichartigem Lagergut	100	60	
2.4	Lagerräume mit Leseaufgaben	200	60	
3 Allgemeine Bereiche, Tätigkeiten und Aufgaben				
3.1	Kantinen, Teeküchen, SB-Restaurants	200	80	
3.2	Pausenräume, Warteräume, Aufenthaltsräume	200	80	
3.3	Räume für körperliche Ausgleichsübungen (Sport-, Fitnessräume, Sporthallen)	300	80	
3.4	Waschräume, Bäder, Toiletten, Umkleideräume	200	80	
3.5	Erste Hilfe Räume	500	90	$\bar{E}_v \geq 175$ lx
3.6	Haustechnische Anlagen, Schaltgeräteräume	200	60	

Die Mindestwerte der Beleuchtungsstärke gelten für die in Tabelle 19 angegebenen Positionen.

Tabelle 19 Höhe der Bezugsebenen für horizontale Beleuchtungsstärken E_h und vertikale Beleuchtungsstärken E_v /ASR A3.4/

	Horizontal E_h [m über dem Boden]	Vertikal E_v [m über dem Boden]
überwiegend stehende Tätigkeiten	0,85	1,60
überwiegend sitzende Tätigkeiten	0,75	1,20
Verkehrswege z. B. Flure und Treppen	bis 0,20	

Nach /ASR A3.4/ werden folgende Definitionen für die Beleuchtungsstärke angegeben:

► Die **Mittlere Beleuchtungsstärke** $\bar{E}$ ist die über eine Fläche gemittelte Beleuchtungsstärke

► Der **Mindestwert der Beleuchtungsstärke** $\bar{E}_m$ ist der Wert, unter den die mittlere Beleuchtungsstärke auf einer bestimmten Fläche nicht sinken darf[71]

► Die **horizontale Beleuchtungsstärke** E_h ist die Beleuchtungsstärke auf einer horizontalen Fläche, z.B auf einer Arbeitsfläche

► Die **vertikale Beleuchtungsstärke** E_v ist die Beleuchtungsstärke auf einer vertikalen Fläche

„An keiner Stelle im Bereich eines Arbeitsplatzes darf das 0,6-fache der mittleren Beleuchtungsstärke unterschritten werden. Der niedrigste Wert darf nicht im Bereich der Hauptaufgabe liegen"

und weiter:

„Die Beleuchtung kann als raumbezogene Beleuchtung oder auf den Bereich des Arbeitsplatzes bezogene Beleuchtung ausgeführt werden. Die im Anhang 1 angegebenen Mindestwerte der Beleuchtungsstärke müssen erreicht werden."

---

[71] Die DIN EN 12464-1 (03-2003) bezieht sich auf den „Wartungswert der Beleuchtungsstärke $\bar{E}_m$" als dem Wert der mittleren Beleuchtungsstärke zu dem Zeitpunkt, an dem eine Wartung durchzuführen ist.

Die Anwendung einer raumbezogenen Beleuchtung kann gegeben sein, wenn

- *Arbeitsplätze in der Planungsphase örtlich nicht zugeordnet werden können*
- *eine flexible Anordnung der Arbeitsplätze vorgesehen ist*

Bei den genannten Anwendungsfällen für die raumbezogene Beleuchtung ist es möglich, in der Grundausstattung den gesamten Raum mit dem Mindestwert der Beleuchtungsstärke für den Umgebungsbereich entsprechend der späteren Nutzung zu beleuchten. In diesen Fällen ist durch zusätzliche Beleuchtung, z.B. mobile Beleuchtungssysteme, die Mindestbeleuchtungsstärke für den Bereich des Arbeitsplatzes sicherzustellen.

Die Anwendung einer auf den Bereich des Arbeitsplatzes bezogenen Beleuchtung kann gegeben sein, wenn

- die Anordnung der Arbeitsplätze und deren Umgebungsbereiche bekannt sind,

- verschiedene Arbeitsplätze - auch innerhalb eines Raumes - unterschiedliche Beleuchtungsbedingungen erfordern.

Die mittlere Beleuchtungsstärke im Umgebungsbereich eines Arbeitsplatzes mit 300 lx Beleuchtungsstärke muss mindestens 200 lx betragen. Bei Arbeitsplätzen, die mit 500 lx oder mehr zu beleuchten sind, muss die mittlere Beleuchtungsstärke im Umgebungsbereich mindestens 300 lx betragen. Beleuchtungsstärken über 500 lx im Bereich des Arbeitsplatzes können eine höhere mittlere Beleuchtungsstärke im Umgebungsbereich erfordern. Die minimale Beleuchtungsstärke im Umgebungsbereich darf das 0,5-fache der mittleren Beleuchtungsstärke des Umgebungsbereichs nicht unterschreiten."

Die letztere Passage verdeutlicht gleichzeitig auch Orientierungen bezüglich der Gleichmäßigkeit der Beleuchtung.

Zu beachten ist, dass bei Werten über 1000 lx das Risiko der Blendung (siehe dazu später) steigt und zu starke Schattenbildung auftreten kann.

Hier soll die /ASR A3.4/ herangezogen werden, die Mindestwerte für die Beleuchtungsstärke, bezogen auf Arbeitsräume, Arbeitsplätze bzw. auf die Tätigkeiten festlegt (Auszüge siehe in Tabellen 17 bis 19). Diese Werte, die für nahezu alle Bereiche in der Praxis vorliegen, sind Ausgangspunkt für die Berechnung der Lampen- bzw. Leuchtenanzahl (siehe 8.2.4.2) und werden ergänzt um Mindestwerte der Farbwiedergabe (Farbwiedergabeindex R_n - siehe dazu später im Zusammenhang mit den weiteren lichttechnischen Gütemerkmalen). Die Spalte „Bemerkungen" in genannten Quellen lässt Raum für spezifische Hinweise.

Geneigte Arbeitsflächen sollen gleichfalls ausreichend beleuchtet sein. Deshalb muss die Anordnung der Leuchten auch den entsprechenden Lichteinfall berücksichtigen (schrägstrahlende Leuchten).

Im Allgemeinen wird auf das Verhältnis:

$$E_v : E_h \geq 1 : 3$$

orientiert.

In /ASR A3.4/ findet dies eine Bestätigung wie folgt:

„Bewährt hat sich für Büroarbeitsplätze, Arbeitsplätze im Gesundheitsdienst und vergleichbare Arbeitsplätze (siehe Anhang 1, Spalte „Bemerkungen") ein Verhältnis von vertikaler Beleuchtungsstärke zu horizontaler Beleuchtungsstärke von $\geq$ 1:3."

Je nach der Tätigkeit und demnach den spezifischen Sehaufgaben soll die künstliche Beleuchtung eine korrekte **Farbwiedergabe**[72] (analog der natürlichen Beleuchtung, dem Tageslicht, welchem sich der Mensch entwicklungsgeschichtlich angepasst hat) gewährleisten.

So ist es verständlich, dass immer wieder auf die Bevorzugung von Tageslicht bzw. hohem Tageslichtanteil hingewiesen wird.

Außerdem müssen Sicherheitsfarben erkennbar sein.

---

[72] Die Farbwiedergabe beschreibt die Farbqualität einer Lampe, d.h. wie das farbige Aussehen der Sehobjekte beeinflusst wird

„Die Farbwiedergabe kennzeichnet den Unterschied zwischen dem Farbeindruck bei künstlichem Licht gegenüber dem bei Tageslicht" /LV 2005/ bzw. an anderer Stelle *„Wirkung einer Lichtquelle auf den Farbeindruck eines Objektes, das mit dieser Lichtquelle beleuchtet wird, im Vergleich zum Farbeindruck dieser mit einer Referenzlichtquelle beleuchteten Objektes"* /SOY 2012/.

Nach /ASR A3.4/ wird die folgende Erläuterung gegeben:

„Die Farbwiedergabe ist die Wirkung einer Lichtquelle auf den Farbeindruck, den ein Mensch von einem Objekt hat, das mit dieser Lichtquelle beleuchtet wird. Der Farbwiedergabeindex R_a ist eine dimensionslose Kennzahl von 0 bis 100, mit der die Farbwiedergabeeigenschaften der Lampen klassifiziert werden. Je höher der Wert, desto besser ist die Farbwiedergabe."

Mit dem Farbwiedergabeindex kann also eine objektive Kennzeichnung der Farbwiedergabeeigenschaften einer Lichtquelle erfolgen.

Die Bewertung der Farbwiedergabe einer Lampe (siehe Tabellen 20 und 21) geht von einer vergleichenden Untersuchung von acht Testfarben aus, die zum einen mit einer Standardlichtquelle und zum anderen mit der zu bewertenden Lichtquelle bestrahlt werden[73].

Die Lichtfarbe einer Lampe *„bezieht sich auf die wahrgenommene Farbe des (von ihr abgestrahlten) Lichts* /DIN 12464/, resultiert aus der spektralen Zusammensetzung des Lichtes und wird vereinfachend durch die ähnlichste Farbtemperatur[74] beschrieben

---

[73] Werden Lampen mit einem Farbwiedergabeindex R_a < 40 verwendet, muss durch geeignete Maßnahmen sichergestellt werden, dass Sicherheitsfarben erkennbar bleiben (z.B. durch Hinterleuchtung oder Anstrahlung)

[74] Vergleiche z.B.: Oberflächentemperatur der Sonne zwischen 5800 bis 6000 K; Kerzenlicht 1500 K (näheres siehe auch zur Strahlungsleistung eines thermischen Strahlers bei Waller.G.; Beleuchtungstechnik, Fachhochschule Kiel, Fachbereich Informatik und Elektrotechnik. 2005)

Tabelle 20 Lichtfarben von Lampen nach DIN EN 12464-1

Lichtfarbe	Ähnlichste Farbtemperatur
Warmweiß	unter 3 300 K
Neutralweiß	von 3 300 K bis 5 300 K
Tageslichtweiß	über 5 300 K

Einsatzbereiche sind z.B.:

- Lichtfarbe warmweiß   Büro-, Wohnbereiche
- Lichtfarbe neutralweiß   Produktionsbereiche
- Lichtfarbe tageslichtweiß Bereiche, in denen eine gute
                                                       Farberkennung notwendig ist
                                                       (Farbgebung, Gütekontrolle usw.)

„Lampen mit einem Farbwiedergabeindex kleiner als 80 sollten in Innenräumen, in denen Menschen für längere Zeit arbeiten oder sich aufhalten, nicht verwendet werden"

Und weiter:

„Für die Sehleistung, die Behaglichkeit und das Wohlbefinden ist es wichtig, dass die Farben der Umgebung, der Objekte und der menschlichen Haut natürlich und wirklichkeitsgetreu wiedergegeben werden; dies lässt Menschen attraktiv und gesund aussehen." /DIN 12464/

Die Farbwiedergabe ist eng mit dem Problemkreis der Farbgestaltung verbunden und verfolgt unterschiedliche Ziele (Abb. 88). Auf psychologische Farbwirkungen, Gestaltungshinweise und zweckmäßige Verwendung von Farben wird in der Fachliteratur (z.B. /Som1991/ und /BAE 1990/) eingegangen und soll hier nur mit einigen Orientierungen verdeutlicht werden (Tabellen 22, 23 und 24).

Tabelle 21 Farbwiedergabe verschiedener Lampen (unter Verwendung von /Wal 2005/)

Farbwieder-gabeeigen-schaft	Farbwieder-gabeindex R_n	Lampenbeispiele
sehr gut	> 90	• Glühlampen • Leuchtstofflampen • Halogen-Metalldampf-Lampen
	80 - 89	• Dreibanden-Leuchtstofflampen • Halogen-Metalldampf-Lampen NDL oder WDL
gut	70 – 79	• Standardleuchtstofflampen Farbe 10 und Farbe 25
	60 – 69	• Standardleuchtstofflampen Farbe 30
genügend	40 – 59	• Quecksilberhochdrucklampen
ungenügend	< 39	• Natrium-Hochdruckentladungs-Lampen • Natrium-Niederdruck-entladungslampen

Abbildung 88 **Ziele der Farbgestaltung /BUL 1994/**

Tabelle 22 **Psychologische Farbwirkungen /SOM 1991/**

Farbe	Distanzwirkung	Temperaturwirkung	psychische Stimmung
Blau	Entfernung	kalt	beruhigend
Grün	Entfernung	kalt bis neutral	sehr beruhigend
Rot	Nähe	warm	sehr aufreizend und beunruhigend
Orange	sehr nahe	sehr warm	anregend
Gelb	Nähe	sehr warm	anregend
Braun	sehr nahe, einengend	neutral	anregend
Violett	sehr nahe	kalt	aggressiv, beunruhigend, entmutigend

Tabelle 23 **Gestaltungshinweise (nach /SOM 1991/)**

Tätigkeit	Gestaltung
monotone Arbeit	- anregende Farbelemente im Raum - keine großen Flächen (Wände; Decken usw.), sondern nur einige Elemente (Säule, Tür, Trennungsflächen zwischen Räumen, usw.) hervorheben - bei großen Arbeitsräumen -> räumliche Unterteilung mit besonderen Farbelementen -> Reduzierung der Anonymität
hohe Konzentrations- anforderungen	- Wände, Decken und andere Bauelemente mit hellen und farblich kaum wahrnehmbaren Tönen

Tabelle 24 Zweckmäßige Verwendung von Farben /BAE 1990/

Warme und anregende Farben	Kühle und beruhigende Farben
- bei leichter körperlicher Arbeit	- bei schwerer körperlicher Arbeit
- bei monotonen reizarmen Tätigkeiten	- bei betriebsamen, eher hektischen
- in großen Räumen mit wenig	Tätigkeiten
Tageslicht (z.B. mit Nordfenstern)	- in kleinen Räumen mit viel
- bei niedrigen Temperaturen	Tageslicht (z.B. mit Südfenstern)
- bei niedrigem Geräuschpegel	- bei hohen Temperaturen
	- bei hohem Geräuschpegel

Eine große Zurückhaltung bei der differenzierten Farbanwendung, eine Beschränkung auf drei, höchstens fünf Blickfänge an einem Arbeitsplatz sind wichtige arbeitsphysiologische Forderung an die Farbgebung im Arbeitsraum /SOM 1991/.

Eine „optimale" Farbgestaltung in Fertigungsstätten setzt also die Berücksichtigung vielfältiger Einflussgrößen und umfassender Fachkenntnisse voraus und es empfiehlt sich, das Farbprojekt gemeinsam mit einschlägigen Spezialisten zu bearbeiten.

Das menschliche Auge muss sich unterschiedlichen Sehbedingungen anpassen.

Diese **Anpassung** (Helladaption, Dunkeladaption) führt zur Ermüdung und deshalb muss die örtliche Leuchtdichteverteilung, auch beschreibbar durch die Beleuchtungsstärke-Verhältnisse[75], in Grenzen gehalten werden.

---

[75] *Die Leuchtdichte ist „das Produkt aus der Beleuchtungsstärke und dem Reflexionsgrad vollkommen diffus reflektierender Flächen. Der Helligkeitseindruck und die Sehleistung des menschlichen Auges werden durch die Leuchtdichte bestimmt. In der Praxis wird jedoch von der leichter zu bestimmenden Beleuchtungsstärke ausgegangen, und hohe Reflexionsgrade unterstellt; anderenfalls muss die Beleucntungsstärke entsprechend erhöht werden, um auf die gleiche Leuchtdichte und Sehleistung zu gelangen."* /HES 2005/

Die Örtliche Gleichmäßigkeit (Gleichmäßigkeit der Beleuchtungsstärke) wird als Verhältnis der kleinsten Beleuchtungsstärke auf einer Fläche zur mittleren Beleuchtungsstärke definiert. Ein ausgewogenes Verhältnis der Beleuchtungsstärken (und damit der Leuchtdichten im Gesichtsfeld) ist anzustreben. Nach /DIN 12464/ sollte die in Tabelle aufgezeigte Gleichmäßigkeit nicht unterschritten werden.

Tabelle 25 **Gleichmäßigkeiten und Zusammenhang zwischen der Beleuchtungsstärke des unmittelbaren Umgebungsbereiches und der Beleuchtungsstärke im Bereich der Sehaufgabe nach DIN EN 12464**

Beleuchtungsstärke des Bereiches der Sehaufgabe lx	Beleuchtungsstärke des unmittelbaren Umgebungsbereiches lx
≥ 750	500
500	300
300	200
≤ 200	$E_{Aufgabe}$
Gleichmäßigkeit ≥ 0,7	Gleichmäßigkeit ≥ 0,5

Nach /Som 1991/ sind folgende angeführten Kenntnisse und Erfahrungen bei der Gestaltung zu berücksichtigen:

O Die Leuchtdichten (Flächenhelligkeiten) aller größeren Flächen und Gegenstände im Gesichtsfeld sollen möglichst gleicher Größenordnung sein.

O In den mittleren Partien des Gesichtsfeldes sollen die Kontraste der Flächenhelligkeiten ein Verhältnis von 3:1 nicht überschreiten.

O Zwischen der Mitte und den Randpartien (Umfeld) oder innerhalb der Randpartien des Gesichtsfeldes sollen die Kontraste ein Verhältnis von 10:1 nicht überschreiten.

O Am Arbeitsplatz sollen in der Mitte des Gesichtsfeldes die helleren und außen die dunkleren Flächen liegen.

O Kontraste stören mehr in den seitlichen und unteren Partien des

Gesichtsfeldes als in den oberen.

O	Zwischen Lichtquelle und Hintergrund sollen die Kontraste ein Verhältnis von 20:1 nicht überschreiten.

O	Der größte zulässige Leuchtdichteunterschied in einem Raum soll höchstens 40:1 betragen

Eine völlige Gleichmäßigkeit ist andererseits nicht anzustreben, weil damit ebenso die Ermüdung gefördert wird.

Im Zusammenhang mit Orientierungen zu den Beleuchtungsstärken im Umgebungsbereich nach /ASR A3.4/ (siehe Anforderungen an Beleuchtungs-stärke oben) liegen auch Vorgaben zur örtlichen Gleichmäßigkeit vor.

Neben der örtlichen Gleichmäßigkeit kann auch die **zeitliche Komponente der Lichtstromerzeugung** eine Rolle spielen (Flimmerfreiheit, Vermeidung Stroboskopeffekt).

Bei Entladungslampen entsteht ein Lichtstrom, der mit dem Wechsel der Frequenz des Wechselstromes pulsiert.

Dieser pulsierende Lichtstrom führt bei Frequenzgleichheit bewegter Teile am Arbeitsplatz zum stroboskopischen Effekt. Solche Bewegungstäuschungen müssen aus Gründen der Arbeitssicherheit vermieden werden, was z.B. bei Einsatz oben genannter Entladungslampen mit hohen Frequenzen sowie mit spezieller Schaltungstechnik geschieht (Dreiphasenschaltung verschiedener Lichtquellen, Duoschaltung, Kompensationsschaltung).

Bei den vorn beschriebenen Leuchtstofflampen mit elektronischem Vorschaltgerät arbeitet man im Hochfrequenzbereich, so dass der stroboskopische Effekt vermieden wird.

Darüber hinaus sollten rhythmisch alternierende Flächenhelligkeiten im Gesichtsfeld unterlassen werden. Es sollte geprüft werden:

▪	Ist es notwendig, dass der Blick rhythmisch von hellen zu dunklen Flächen hin- und her wandern muss?

▪	sind glänzende, bewegte Maschinenteile im Gesichtsfeld vermeidbar?

- lässt sich das Vorbeiziehen heller und dunkler Flächen am Fließband vermeiden?

Die /ASR A3.4/ konzentriert sich bei diesem Sachverhalt auf die Aussage: *„Flimmern oder Pulsation dürfen nicht zu Unfallgefahren (z. B. durch stroboskopischen Effekt) oder Ermüdung führen. Dies kann z. B. durch den Einsatz von elektronischen Vorschaltgeräten oder durch Drei-Phasen-Schaltung verhindert werden."*

Weiterer Bestandteil einer guten Beleuchtung ist die **Vermeidung von Blendung**[76]. Diese Blendung bedeutet Störungen durch zu hohe Leuchtdichten im Gesichtsfeld oder Spiegelungen (Reflexionen) glänzender Oberflächen. Sie setzt die Sehleistung und den Sehkomfort herab und führt zu Fehlern und Unfällen, vorzeitiger Ermüdung, Herabsetzung der Arbeitsleistung und des Wohlbefindens.

Die Norm /DIN 12464/ differenziert nach:

- physiologischer Blendung (Herabsetzung des Sehvermögens) und
- psychologischer Blendung (Störempfindung)

Weiter wird zwischen Direktblendung (Lampen bzw. Leuchten im Blickfeld des Menschen, d.h. zu hohe Leuchtdichte im Gesichtsfeld) und Reflexblendung (Spiegelung durch helle, glänzende Oberflächen) unterschieden.

Beides muss vermieden bzw. in Grenzen gehalten werden.

Vereinfachend gibt es in der Praxis die Orientierung, dass der Winkel α zwischen der horizontalen Blickrichtung (Ebene) und der Verbindungslinie Auge – Leuchte[77] (auch als Abschirmwinkel bezeichnet) nicht unter 30° betragen soll (Abb. 89).

---

[76] *„Blendung ist der Sehzustand, der durch eine ungünstige Leuchtdichteverteilung, durch zu hohe Leuchtdichten oder zu große räumliche oder zeitliche Leuchtdichteunterschiede hervorgerufen und als unangenehm empfunden wird oder eine Herabsetzung der Sehfunktion zur Folge hat. Die Blendung kann eine Ursache für die vorzeitige Ermüdung, für Unfälle oder für die Störung des Wohlbefindens sein".* /LV 2005/

[77] d.h. der leuchtenden Teile der Lampen in der Leuchte

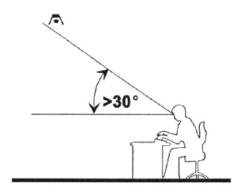

**Abbildung 89   Blendungsbegrenzung bei Einhaltung des Winkels >30°
(Orientierung nach /BAE1990/)**

Maßnahmen zur Begrenzung der Blendung mit Konzentration auf Schwerpunkte sind z.B. in /ASR A3.4/ mit Bezug auf Tageslicht und Künstliche Beleuchtung wie folgt aufgeführt:

Tageslicht:

„Störende Blendung durch Sonneneinstrahlung ist zu vermeiden oder - wenn dies nicht möglich ist - zu minimieren. Zur Begrenzung störender Blendungen oder Reflexionen können z. B. Jalousien, Rollos und Lamellenstores dienen. Bei Dachoberlichtern können dies z. B. lichtstreuende Materialien oder Verglasungen mit integrierten Lamellenrastern sein."

Künstliche Beleuchtung:

(1) Störende Blendung oder Reflexionen sind zu minimieren. Blendung, die zu Unfällen führen kann, muss vermieden werden.

(2) Geeignete Maßnahmen zur Vermeidung und Begrenzung der Blendung sind z. B.

- Auswahl geeigneter Leuchtmittel,

- richtige Auswahl und Anordnung der Leuchten,

- Verringerung der Helligkeitsunterschiede zwischen Blendquelle und Umfeld,

  z. B. durch helle Decken und Wände,

- Vermeidung von Reflexionen, z. B. durch entsprechende

Oberflächengestaltung (matte Oberflächen).

Der Grad der Direktblendung durch Leuchten im Innenraum kann nach Empfehlung in /DIN 12464/ nach dem Unifed Glade Rating (UGR) -Verfahren bestimmt werden. In gleicher Quelle ist für Räume (Bereiche), Aufgaben und Tätigkeiten jeweils der UGR-Wert angegeben. Ebenso sind hier die Mindestabschirmwinkel je nach Lampen-Leuchtdichte konkretisiert (Tabelle 26).

Tabelle 26   Mindestabschirmwinkel nach DIN EN 12464-1

Lampen-Leuchtdichte in kcd/m^2	Mindestabschirmwinkel
20 bis < 50	15°
50 bis < 500	20°
≥ 500	30°

Zusammenfassend sollen folgende Möglichkeiten zur Blendungsbegrenzung genannt werden:

- Auswahl geeigneter Lampen (Leuchtdichtebegrenzung - günstiger ist der Einsatz einer größeren Anzahl von Lampen geringerer Leuchtdichte als umgekehrt) und Leuchten (Blendschutz, Abschirmung)
- Anordnung von Leuchten und Arbeitsplätzen unter Berücksichtigung günstiger Abschirmwinkel
- Vermeidung von Reflexionsblendung (matte, entspiegelte Oberflächen bevorzugen)
- Verringerung der Helligkeitsunterschiede zwischen Blendquelle und Umfeld (z.B. helle Decken und Wände)

Lichteinfall und **Schattigkeit** beeinflussen das räumliche Erkennen von Objekten (Körpern) und Oberflächen.

„Schatten ermöglicht die räumliche Wahrnehmung. Durch angemessene Schattigkeit können Gegenstände in ihrer Form und Oberflächenstruktur leichter erkannt werden. Schatten, die Gefahrenquellen überdecken, dürfen nicht zu Unfallgefahren führen. Sie können z. B. durch Anordnung mehrerer Leuchten, die aus verschiedenen Richtungen Licht abgeben, minimiert werden" /ASR A3.4/.

Schattenloses und sehr diffuses Licht (vornehmlich indirekte Beleuchtung) lässt alle Gegenstände flächenhaft und körperlos erscheinen. Gerichtetes Licht (direkte Beleuchtung) andererseits verstärkt dagegen das räumliche Sehen, d.h. Objekte bzw. Oberflächenstrukturen treten besser hervor. Störende Schatten im Arbeitsbereich sind zu vermeiden, erst recht Schatten, die Gefahrenquellen überdecken und so zu Unfallgefahren führen können. Solche Schattenwirkungen sind z.b. durch Anordnung mehrerer Leuchten aus verschiedener Richtung vermeidbar. In /DIN 12464/ ist die Ausgewogenheit zwischen diffuser und gerichteter Beleuchtung (Modelling) beschrieben. In /LV 2005/ wird gefordert:

$$E_V : E_h > 0,3$$

E_V — auf eine vertikale Fläche auftretende Beleuchtungsstärke

E_h — auf eine horizontale Fläche auftretende Beleuchtungsstärke

Bei sehr feinen Arbeiten in der Industrie ist weder ein ganz diffuses noch ein schattenstarkes Licht günstig (gleichförmige Beleuchtung).

Demnach muss zur Erreichung einer gewünschten Schattigkeit ein ausgewogenes Verhältnis von diffusem Licht (indirekter Beleuchtung) und gerichteter (direkter) Beleuchtung gefunden werden.

Mit der Beschreibung der Anforderungen an eine „optimale" Beleuchtung in Innenräumen sind relevante Sachverhalte herausgestellt worden, die in erster Linie die Tätigkeit des Fabrikplaners im industriellen Bereich betreffen.

Auf die Sicherheits- und Gesundheitsschutzkennzeichnung sowie auf die Sicherheitsbeleuchtung und auf optische Sicherheitsleitsysteme wird hier nicht eingegangen.

8.2.4.2 Berechnung der Lampen- und Leuchtenanzahl

Die Berechnung der Anzahl der Lampen und Leuchten in Innenräumen wird in der Regel im Zusammenhang mit der Einholung von Angeboten durch entsprechende Spezialfirmen vorgenommen, die dazu auch Programme benutzen.

Hier soll lediglich auf einige Grundlagen zu einem recht bekannten Berechnungsverfahren hingewiesen werden, weil dies zur Verdeutlichung wichtiger Erkenntnisse zur Gestaltung der Beleuchtungslösung beiträgt.

Voraussetzung für die Berechnung der Anzahl der Lampen und Leuchten nach dem in der Praxis am weitesten verbreiteten **Lichtstromverfahren** (auch als **Wirkungsgradverfahren** bezeichnet) sind:

- Ansatz einer mittleren horizontalen Beleuchtungsstärke und demnach
- eine gleichmäßig verteilte, in der Regel symmetrische Anordnung der Leuchten im Raum (größerer, zusammenhängender Raum als leer angenommen)
- Berücksichtigung der Reflexion durch die Raumbegrenzungsflächen
- die Betrachtungsebene (Nutzebene) und die Leuchtenebene liegen parallel zueinander
- rechteckige Grundfläche angenommen (vergleiche später den Raumfaktor k; $(0,6 \geq k \leq 5,0)$

Eingangsinformationen für die Berechnung (und damit Einfluss nehmend auf eine effiziente Beleuchtung) sind:

- Nutzungsart (Sehaufgabe, Ausführungsbereich sowie Nutzungsbedingungen – Verschmutzung)

- Gebäudegeometrie (Systemlänge, Systembreite und Systemhöhe / Nutzhöhe bzw. Lichtpunkthöhe

- Reflexionsgrade der Raumumgrenzungsflächen (Flächengrößen)

- Lampen-, Leuchtenauswahl / Parameter (Lampenlichtstrom, Leuchtenwirkungsgrad)

Wird eine Beleuchtungsanlage geplant (Details siehe auch in /ZVEI 2005/), soll das zu erreichende Beleuchtungsniveau (insbesondere die Nennbeleuchtungsstärke) über einen längeren Zeitraum garantiert sein. Aus diesem Grunde ist die Planungsbeleuchtungsstärke E_P Ausgangspunk für die Berechnung:

$$E_P = \frac{E_n}{v} = E_n \times p$$

E_P Planungsbeleuchtungsstärke in lx

E_n Nenn(Mindest-)beleuchtungsstärke in lx

v Verminderungsfaktor[78] (siehe Tabelle 27)

p Planungsfaktor (siehe Tabelle 27)

Tabelle 27 Verminderungsfaktor und Planungsfaktor (siehe auch /DIN 12655/)

Verminderung der Beleuchtungsstärke durch Verschmutzung und Alterung von Lampen, Leuchten und Räumen	Verminderungsfaktor v	Planungsfaktor p
normal	0,8	1,25
erhöht	0,7	1,43
stark	0,6	1,67

Verminderungsfaktor bzw. Planungsfaktor berücksichtigen im wesentlichen Verschmutzung und Alterung. Wie bereits erwähnt, muss eine Wartung

---

[78] Mit der DIN EN 12464-1 wird ein Wartungsfaktor eingeführt

vorgenommen werden, wenn die Anforderungen nach /ASR A 3.4/ nicht mehr erfüllt werden können bzw. wenn nach /DIN 12464/ der Wartungswert der Beleuchtungsstärke erreicht wird.

Ansatz für die Bestimmung der Lampen- bzw. Leuchtenanzahl ist die Bestimmung des Lichtstromes, der zur Erzielung einer geforderten Planungsbeleuchtungsstärke erforderlich ist:

$$\Phi erf. = \frac{E_P \times A}{\eta_B}$$

$\Phi_{erf.}$ Erforderlicher Lichtstrom Φ in lm

A   Grundfläche des Raumes in m^2

          (Systemlänge SL x Systembreite SB)

η_B Beleuchtungswirkungsgrad

Mit dem Beleuchtungswirkungsgrad η_B finden der Wirkungsgrad der Leuchten sowie über den Raumwirkungsgrad die Reflexionsgrade der Raumbegrenzungsflächen und die Raumgeometrie Berücksichtigung:

$$\eta_B = \eta_{Le} \times \eta_R$$

η_B Beleuchtungswirkungsgrad[79]

η_{Le} Leuchtenwirkungsgrad[80] (Herstellerangabe)

η_R Raumwirkungsgrad

Der Raumwirkungsgrad η_R ist abhängig vom Raumindex k und den Reflexionsgraden der Raumbegrenzungsflächen (Decke, Wände, Nutzebene) und kann für die eingesetzten Leuchtentypen entsprechenden Tabellen der Fachliteratur oder auch den Unterlagen der Leuchtenhersteller entnommen werden.

$$k = \frac{SL \times SB}{h_N \times (SL + SB)}$$

---

[79] Der Beleuchtungswirkungsgrad wird auch als *„Verhältnis des auf die Nutzfläche gelangenden Lichtstromes zur Summe der Lichtströme aller installierten Lampen"* /Hes 2005/ definiert
[80] Auch „Leuchtenbetriebswirkungsgrad" – *„Verhältnis des aus einer Leuchte unter genormten Betriebsbedingungen ausgestrahlte Lichtstroms zur Summe der Lichtströme der darin betriebenen Lampen"* /Hes 2005/ (zwischen 50% bis 95%)

Wobei:

k	Raumindex
SL	Systemlänge des Raumes in m
SB	Systembreite des Raumes in m
h_N	Nutzhöhe (Entfernung der Leuchtenkörpers zur Nutzebene)

Da die Raumbegrenzungsflächen in der Regel keinen einheitlichen Reflexionsgrad haben, wird je Flächenanteil (Decke, Wände, Nutzebene) ein Mittelwert berechnet:

$$\rho_m = \frac{\rho_1 \times A_1 + \rho_2 \times A_2 + ...}{A_1 + A_2 + ...}$$

ρ_m mittlerer Reflexionsgrad

$\rho_{1,2..}$ Reflexionsgrade der Teilflächen

$A_{1, 2...}$ Teilflächen mit unterschiedlichem Reflexionsgrad

Die berechnete Anzahl der Leuchten beträgt:

$$z_{Le}^* = \frac{\Phi_{erf.}}{\Phi_{Le}} \quad \text{wobei} \quad \Phi_{Le} = \Phi_{La} \times z_{La}$$

z_{Le}^* Leuchtenanzahl (berechnet)

ϕ_{LE} Lichtstrom einer Leuchte in lm

ϕ_{La} Lichtstrom einer Lampe in lm

z_{La} Anzahl der Lampen je Leuchte

Die berechnete Leuchtenanzahl stellt die Grundlage für die Anordnung der Leuchten im Raum dar, wobei auf die Anfangs beschriebenen Anforderungen an eine möglichst ausgewogene, mittlere Beleuchtungsstärke zu achten ist. Meist wird nach oben aufgerundet.

Tabelle 28 Tabelle zur Ermittlung des Raumwirkungsgrades - Auszug aus http://www.et-inf.fho emden.de/~elmalab/beleucht/download/Blt_2.pdf (26.09.2012)

Tabelle zur Ermittlung des Raumwirkungsgrades η_R für eine Gleichförmigkeitsleuchte (Leuchtstofflampenleuchte mit Lammellenraster) mit $\varphi_u = 0{,}52$; $\varphi_{su} = 0{,}51$; $\varphi_{so} = 0{,}70$

ρ_D =	0,8	0,8	0,8	0,5	0,5	0,8	0,8	0,8	0,5	0,5	0,3
ρ_W =	0,8	0,5	0,3	0,5	0,3	0,8	0,5	0,3	0,5	0,3	0,3
ρ_N =	0,3	0,3	0,3	0,3	0,3	0,1	0,1	0,1	0,1	0,1	0,1

k	Deckenmontage der Leuchten										
0,6	0,65	0,41	0,32	0,33	0,27	0,59	0,39	0,31	0,31	0,26	0,23
0,8	0,73	0,51	0,42	0,40	0,34	0,66	0,48	0,40	0,38	0,33	0,28
1,0	0,82	0,59	0,50	0,46	0,40	0,71	0,54	0,47	0,44	0,39	0,33
1,25	0,88	0,67	0,58	0,52	0,46	0,76	0,61	0,54	0,49	0,44	0,39
1,5	0,92	0,73	0,64	0,57	0,51	0,80	0,66	0,60	0,54	0,49	0,42
2,0	0,98	0,81	0,73	0,63	0,58	0,84	0,73	0,67	0,59	0,55	0,47
2,5	1,02	0,87	0,79	0,67	0,62	0,87	0,77	0,72	0,62	0,59	0,50
3,0	1,05	0,92	0,85	0,71	0,66	0,89	0,80	0,76	0,65	0,62	0,53
4,0	1,08	0,97	0,92	0,74	0,71	0,91	0,84	0,80	0,68	0,66	0,56
5,0	1,10	1,01	0,96	0,77	0,74	0,92	0,87	0,83	0,70	0,68	0,58

k	Pendelmontage der Leuchten										
0,6	0,59	0,30	0,23	0,27	0,21	0,49	0,29	0,22	0,26	0,21	0,20
0,8	0,64	0,39	0,31	0,34	0,28	0,58	0,37	0,30	0,33	0,27	0,26
1,0	0,74	0,47	0,38	0,41	0,34	0,66	0,45	0,37	0,39	0,33	0,30
1,25	0,79	0,55	0,46	0,47	0,40	0,70	0,52	0,44	0,44	0,39	0,35
1,5	0,85	0,62	0,53	0,52	0,45	0,74	0,57	0,50	0,49	0,43	0,39
2,0	0,92	0,71	0,62	0,58	0,52	0,80	0,65	0,58	0,55	0,50	0,44
2,5	0,96	0,78	0,69	0,63	0,57	0,83	0,70	0,64	0,59	0,54	0,48
3,0	1,00	0,83	0,75	0,66	0,61	0,86	0,74	0,68	0,62	0,58	0,51
4,0	1,04	0,90	0,82	0,71	0,66	0,88	0,79	0,74	0,65	0,62	0,54
5,0	1,07	0,94	0,87	0,74	0,70	0,90	0,82	0,78	0,68	0,65	0,56

Eine größere Anzahl von Leuchten und Lampen geringerer Leistung (geringerer Lichtstrom) ist hinsichtlich gleichmäßiger Beleuchtung der Gesamtfläche günstiger als der Einsatz weniger, leistungsstarker Lampen. Andererseits sollen auch die Anlagen- und Instandhaltungskosten reduziert werden.

Gegebenenfalls erfolgt bei merklicher Abweichung der berechneten zur tatsächlich gewählten Leuchtenanzahl eine Nachrechnung der tatsächlich erzielten Nennbeleuchtungsstärke:

$$E_{n\ tat.} = \frac{\Phi_{tat.} \times \eta_B \times p}{A}$$

$$\Phi_{tat.} = \Phi_{Le} \times z_{Le\ gew.}$$

$z_{Le\ gew.}$ Anzahl der Leuchten (gewählt)

Wie bereits erwähnt, wurde mit der DIN 12 464-1 der „Wartungsfaktor" eingeführt, der den bisherigen Verminderungsfaktor ersetzt bzw. präzisiert.

$$E_p = \bar{E}_{mind.} / WF$$

E_p Planungswert

$\bar{E}_{mind}$ Mindestwert der Beleuchtungsstärke

WF   Wartungsfaktor

Dieser Wartungsfaktor wird nach /Hes 2005/) wie folgt berechnet:

$$WF = LLWF\ x\ LLDF\ x\ LWF\ x\ RWF$$

- LLWF - **L**ampen**L**ichtstrom**W**artungs**F**aktor
- LLFW - **L**ampen**L**ebens**D**auer**F**aktor
- LWF   - **L**euchten**W**artungsfaktor
- RFW - **R**aum**W**artungs**F**aktor

und kann also unter Einbeziehung des Lichtstromrückganges der Lampen (LLWF), der Ausfallwahrscheinlichkeit des entsprechenden Lampentyps (LLWF), des Lichtstromrückganges der Leuchte durch Verschmutzung und Alterung (LWF) sowie des Reflexionsgradrückganges des Raumes durch Alterung und Verschmutzung (RFW) bestimmt werden. In der gleichen Quelle oder z.B. auch in /ZVEI 2005/ sind vereinfachend Referenz-Wartungsfaktoren angeführt (Tabelle 29).

Tabelle 29 Referenz-Wartungsfaktoren (WF) /HES 2005/

WF	Anwendungshinweis
0,80	Sehr sauberer Raum (z.B. Reinraum), Anlage mit geringer jährlicher Nutzungszeit
0,67	Sauberer Raum, dreijähriger Wartungszyklus
0,57	Außenbeleuchtungsanlage, dreijähriger Wartungszyklus
0,50	Innen- oder Außenbeleuchtungsanlage, starke Verschmutzung

Zur Überschlagsrechnung für die Lampen- und Leuchtenanzahl können flächenbezogene Orientierungswerte für die installierte Leistung in W/m^2 für Beleuchtungszwecke herangezogen werden /ZÜR 2012/:

50 lx	$2.5 - 3.2\ W/m^2$
100 lx	$3.5 - 4.5\ W/m^2$
200 lx	$5.5 - 7.0\ W/m^2$
300 lx	$7.5 - 10.0\ W/m^2$
400 lx	$9.0 - 12.5\ W/m^2$
500 lx	$11.0\ - 15.0\ W/m^2$

8.2.4.3 Energieeffiziente Beleuchtung

Nach Schätzungen der internationalen Energieagentur werden weltweit etwa 19% der genutzten Energie für Beleuchtungszwecke eingesetzt. In Deutschland liegt der Anteil des gesamten Stromverbrauchs für Beleuchtungen bei 9,8%. In gewerblichen Gebäuden belaufen sich die Stromkosten für Beleuchtung auf durchschnittlich 22%, bei reinen Bürogebäuden kann der Anteil bis zu 50% ausmachen /BIHK 2011/.

Dementsprechend hoch werden die wirtschaftlichen und technischen Einsparpotentiale eingeschätzt. In der Literatur werden Energiekosten-einsparungen von 30% bis 50% genannt.

Folgende Ansatzpunkte gibt es für die energieeffiziente Gestaltung von Beleuchtungsanlagen:

- Sehaufgabeorientierte Beleuchtung mit unterschiedlichem, d.h. wirklich notwendigem, Beleuchtungsniveau[81]

- Intelligente Nutzung von Tageslicht

  Gegenwärtig vorliegende Normen, Richtlinien und Vorschriften orientieren nicht nur aus Sicht der Energieeinsparung, sondern auch wegen der Vorteile der Tageslichtbeleuchtung für den Menschen („visueller Komfort") auf natürliche Beleuchtung.

  Bei Seitenlichtöffnungen werden vornehmlich die fensternahen Bereiche ausreichend mit Tageslicht versorgt. Nicht immer ist der Einsatz von Oberlichtöffnungen (Oberlichtern) möglich oder allein sinnvoll.

  In solchen Fällen können zur Ausleuchtung größerer Raumtiefen mit Tageslicht lichtlenkende Systeme (Tageslichtlenksysteme) zum Einsatz kommen (z.B. Umlenksysteme über reflektierende Schichten, richtungsselektive Verglasungen (Hologramme) oder Lamellensysteme (Retrolamelle).

  Zunehmend kommen schalt- und regelbare Verglasungen zur Steuerung des Tageslichteinlasses (sogenannte thermophore Systeme, wie z.B. Hydrogel-Verbundscheiben) zum Einsatz, die mehrere Funktionen erfüllen (Verhinderung Hitzestrahlung, veränderbarer Energiedurchlassgrad[82])

- Auswahl energieeffizienter Lampen (Lampen mit hoher Lichtausbeute[83] in lm/Watt, ausreichendem Farbwiedergabeindex, langer Lebensdauer – die längere Nutzungsdauer führt auch zu einer Verringerung der Wartungskosten)

- Energieeffiziente Vorschaltgeräte

---

[81] Direkt strahlende Beleuchtungssysteme haben den geringsten Elektroenergieverbrauch
[82] Gesamtenergiedurchlassgrad (g-Wert) – Maß für den Energiedurchlass durch transparente Bauteile
[83] Auf die Lichtausbeute als wichtiger Größe zur Beschreibung der Effektivität von Lampen wurde bereits eingegangen. Sie weist je nach Lampentyp erhebliche Unterschiede auf, so z.B. bei Glühlampen ca.10 lm/W, bei Dreibandenleuchten ca.100 lm/W und Natriumdampf-Hochdrucklampen ca.150 lm/W

Für den Betrieb von Entladungslampen sind, wie bereits erwähnt, Vorschaltgeräte notwendig (Zünden der Gasentladung und Begrenzung des Stromverbrauchs).

Vorschaltgeräte lassen sich nach dem EEI (Energy Efficiency Index) in sieben Klassen, von A1 = besonders energieeffizient bis D = Energie verschwendend, einteilen. Vorschaltgeräte der Klassen C und D sind nicht mehr zulässig.

Konventionelle Vorschaltgeräte werden in Deutschland in der Regel nur noch bei Reparaturen verwendet. Für Neubaumaßnahmen und bei Austausch der Leuchten sollten nur noch elektronische Vorschaltgeräte (EVG) verwendet werden. Entladungslampen mit EVG sind in der Regel dimmbar. EVG haben darüber hinaus folgende Vorteile /BLU 2004/:

- Erhöhung der Lampenlebensdauer (ca. 50%)
- Höhere Betriebsfrequenz (25 bis 40 kHz) , deshalb kein Flimmern mehr, Vermeidung des stroboskopischen Effektes und höhere Lichtausbeute
- Keine Neustartversuche bei defekten Lampen
- Warmstart-EVG erhöhen die Lebensdauer der Lampen zusätzlich

- Verwendung energieeffizienter Leuchten (Leuchtenwirkungsgrad[84] bzw. Leuchtenbetriebswirkungsgrad)
- Schaffung von Voraussetzungen für eine günstige Gesamtbeleuchtungslösung (hohe Reflexion der Raumumgrenzungsflächen, arbeitsplatz- bzw. arbeitsbereichsbezogene Beleuchtung, Farbwiedergabe / Farberkennung; Lichtstromverteilung; Leuchtdichteverteilung, örtliche und zeitliche Gleichmäßigkeit, Blendungsbegrenzung,)

Eine Vielzahl von Wirtschaftlichkeitsrechnungen[85] belegt, dass beim Einsatz moderner Lampen und Leuchten zwar die Anschaffungskosten höher sind,

---

[84] Leuchtenwirkungsgrad η_L = (abgestrahlter Leuchtenlichtstrom / abgestrahlter Lampenlichtstrom) x 100 in % – z.B. Wannenleuchte mit opaler Wanne bis 65%, Spiegelrasterleuchte bis 85%
[85] Wirtschaftlichkeitsrechnungen siehe z.B. in /MEG 2007/

sich dies aber durch niedrigere Betriebskosten (höhere Lichtausbeute – geringere Stromkosten; längere Lebensdauer – geringere Wechselkosten, Entsorgungskosten) in kurzer Zeit amortisieren.

Ein beispielhaftes Maßnahmenbündel zur energieeffizienten Gestaltung von Beleuchtungsanlagen zeigt Abb. 90:

- Lampen mit hoher Lichtausbeute und langer Lebensdauer einsetzen; (moderne Energiesparlampen oder Leuchtstofflampen)
- Ersatz konventioneller Vorschaltgeräte durch verlustarme oder elektronische Vorschaltgeräte
- effiziente Leuchten mit hohem Betriebswirkungsgrad verwenden (z.B. Spiegelrasterleuchten)
- bedarfsgerechte Steuerung der Beleuchtung (zeitgesteuert, tageslichtabhängig, anwesenheitsgesteuert)

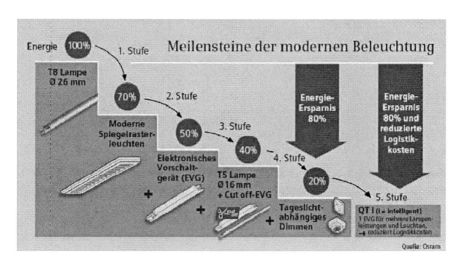

Abbildung 90   Einsparmöglichkeiten mit modernen Beleuchtungsanlagen /SIE 2007/

Neben einer effektiven Beleuchtungsanlage muss durch eine sinnvolle Beleuchtungssteuerung gewährleistet werden, dass je nach Tageslichteinfall, Betriebszeiten bzw. Raumbenutzung eine zeit- bzw. ereignisabhängige Beleuchtungsstärkeregelung möglich ist, d.h. dass einzelne Lampen bzw. Leuchtenreihen ein- oder ausgeschaltet bzw. mittels Dimm-EVG helligkeitsgeregelt werden.

Da zum Beginn einer neu installierten Beleuchtungsanlage zunächst eine „Überbeleuchtung" vorliegt, ist es naheliegend (vergleiche auch in /HES 2005/), hier zunächst ein Herunterdimmen auf den Wartungswert der Beleuchtungsstärke vorzunehmen und diesen dann beim Absinken der Beleuchtungsstärke durch Lampenalterung und Verschmutzung wieder auf den Sollwert hochzuregeln[86].

Wie oft kann beobachtet werden, dass trotz ausreichender Tageslichtbeleuchtung in Arbeitsstätten die künstliche Beleuchtung in Betrieb ist. Die „einfachste Steuerung" ist es, bei Nichtgebrauch ausschalten.

Die Beleuchtungssteuerung kann stufenlos/diskret (Zeitschaltuhr, Bewegungsmelder / Präsenzmelder, Infrarotsensoren, Dämmerungsschalter, Treppenhausautomatik, Lichtschalter) oder stufenweise/kontinuierlich (Tageslichtsensor, vorausgesetzt dimmbare Beleuchtungssysteme) erfolgen. Eine kurze Beschreibung (Tabelle 30) soll Orientierungen für die Auswahl eines Beleuchtungskontrollsystems geben.

---

[86] siehe dazu auch EDV-gestützte Gebäudemanagementsysteme wie: DALI – Digital Adressable Lighting Interface; EIB – European Installation Bus; LON – Local Operating Network

Tabelle 30   Steuerung von Beleuchtungsanlagen[87]

	stufenweise	stufenlos / kontinuierlich

Umsetzung:	- Zeitschaltuhren
	- Bewegungsmelder /
	  Präsenzmelder
	- Tageslichtsensoren
		- Fotozellen zur Messung der
		  Beleuchtungsstärke,
		  Regelung des Lichtstroms mit
		  Phasenanschnittsteuerung

Vorteile:	- geringe Kosten der
	  Steuerungsanlage
	- für alle Lampentypen
	  geeignet
		- keinen Einfluss auf die
		  Lebensdauer von Lampen

Nachteile:	- Lebensdauer von
	  Leuchtstofflampen
	  nimmt mit
	  zunehmender
	  Schalthäufigkeit ab
		- hohe Kosten der
		  Steuerungsanlage
		- nicht alle Lampentypen
		  geeignet

Verwendung:	- Flure - Treppenhäuser - wenig genutzte Räume	

---

[87] Siehe dazu auch bei /HES 2005/

9   Schlussbemerkungen

Das Grundanliegen dieses Bandes besteht darin, sowohl den Studentinnen und Studenten der Berufsakademie Sachsen, Staatliche Studienakademie Dresden, im Rahmen des Moduls „Betriebsgestaltung", aber auch den interessierten Lesern, wichtiges Grundlagenwissen zur Fabrikplanung zu vermitteln.

Dem Autor ist wohl bewusst, dass dieses umfangreiche und komplexe Gebiet bei der Begrenztheit des Buches nicht vollständig abgehandelt werden kann und eine Auswahl an Schwerpunkten getroffen werden musste.

Bei einer Reihe von Sachverhalten, die hier nicht tiefergehend behandelt werden konnten, sind weiterführende Quellen aufgeführt, um eigenständige Studien anzuregen.

Literaturverzeichnis

/ADA 2006/	Adams, M.: Produktionsmanagement im Team - Die Problematik fachbereichsübergreifender Optimierungspotentiale, Reihe „Intelligenter Produzieren", Frankfurt am Main, VDMA Verlag GmbH, 3/2006
/AGG 1990/	Aggteleky, B.: Fabrikplanung / Werksentwicklung und Betriebsrationalisierung, Band 3; München, Wien: Carl Hanser Verlag 1990
/ARBS 1996/	Gesetz über die Durchführung von Maßnahmen des Arbeitsschutzes zur Verbesserung der Sicherheit und des Gesundheitsschutzes der Beschäftigten bei der Arbeit (Arbeitsschutzgesetz - ArbSchG) vom 7. August 1996 (BGBl. I S. 1246), geändert durch Artikel 9 des Gesetzes vom 27. September 1996 (BGBl. I S. 1461)
/ARB 2010/	Verordnung über Arbeitsstätten vom 12. August 2004 – Arbeitsstättenverordnung (ArbStättV), BGBl. Teil I Nr. 44 S. 2179, Ergänzung der Arbeitsstättenverordnung vom 19. Juli 2010
/ASR A1.8/	Arbeitsstättenregel ASR A1.8 Verkehrswege, November 2012 (www.baua.de 31.01.2013)
/ASR A2.3/	ASR A2.3 Fluchtwege und Notausgänge, Flucht- und Rettungsplan, August 2007 zuletzt geändert und ergänzt: GMBl 2011 S. 1090, Nr. 54
/ASR A3.4/	Technische Regeln für Arbeitsstätten – Beleuchtung – ASR A3.4, April 2011 (www.baua.de 15.01.2012)
/ASR A3.5/	Technische Regeln für Arbeitsstätten – Raumtemperatur Juni 2010

/ASR 7-1/   Arbeitsstättenrichtlinie ASR 7/1 Sichtverbindung nach
                 außen (außer Kraft)

/BAE 1990/   Baer, R.: Beleuchtungstechnik – Grundlagen
                 Berlin: Verlag Technik 1990

/BAU/   Verordnung über die bauliche Nutzung der Grundstücke
                 (Baunutzungsverordnung - BauNVO) in der Fassung der
                 Bekanntmachung vom 23. Januar 1990 (BGBl. I S. 132), die
                 durch Artikel 3 des Gesetzes vom 22. April 1993 (BGBl. I S.
                 466) geändert worden ist

/BAI 2006/   Bai, Shan: Analyse und Bewertung von Transport- und
                 Umschlagmitteln für KMU bei Herausstellung bauwerks-
                 relevanter Einflussgrößen, Diplomarbeit, TU Dresden, 2006

/BEK/   Bekanntmachung zu Gefahrstoffen 220 –
                 Sicherheitsdatenblatt, September 2007;GMBl 2011 S. 127
                 Nr. 9

/BETR 2002/   Verordnung zur Rechtsvereinfachung im Bereich der
                 Sicherheit und des Gesundheitsschutzes bei der
                 Bereitstellung von Arbeitsmitteln und deren Benutzung bei
                 der Arbeit, der Sicherheit beim Betrieb überwachungs-
                 bedürftiger Anlagen und der Organisation des betrieblichen
                 Arbeitsschutzes (Betriebssicherheitsverordnung- BetrSichV)
                 (27. September 2002) veröffentlicht im BGBl. I Nr. 70, S.
                 3777 (Novellierung 2012)

/BIHK 2011/   Energieeffizienz- und Klimaschutzwegweiser für
                 Unternehmen in Bayern, Bayerischer Industrie- und
                 Handelskammertag (BIHK); UmweltCluster Bayern 2011

/BLU 2004/   Bürogebäude – Klima schützen – viel sparen mit weniger
                 Strom, Bayerisches Landesamt für Umweltschutz. Augsburg
                 2004

/BUC 2011/	Buche, S.: Untersuchungen zur Neuplanung der Tischlerei Ralf Maczewsky, Diplomarbeit an der Berufsakademie Sachsen, Staatliche Studienakademie Dresden, Studienrichtung Holztechnik 2011
/BUL 1994/	Bullinger, H.-J.: Seidel, U. u.a.: Neuorientierung im Produktionsmanagement Produktionsmanagement 4 (1994) S. 153
/BRA/	Bracht, U.: Die Digitale Fabrik in der Automobilindustrie - Vision und Realität. 5. Deutsche Fachkonferenz Fabrikplanung Stuttgart 2004
/CHE 2012/	Check für Sicherheit und Gesundheitsschutz in Schreinereien/Tischlereien; Holzberufsgenossenschaft HBG 2012
/DGUV 2009/	Tageslicht am Arbeitsplatz – Leistungsfördernd und gesund. (BGI/GUV-I 70, Deutsche Gesetzliche Unfallversicherung (DGUV Schriftenreihe „Gesund und fit im Kleinbetrieb" 2/2009
/DIN 277/	Grundflächen und Rauminhalte von Bauwerken im Hochbau Begriffe, Berechnungsgrundlagen; Februar 2005
/DIN 5034/	DIN 5034-1, Juli 2011, Tageslicht in Innenräumen - Teil 1: Allgemeine Anforderungen
/DIN 5040/	DIN 5040-2 Juli 1995 Leuchten für Beleuchtungszwecke - Teil 2 Innenleuchten / Begriffe, Einteilung
/DIN 8580/	DIN 8580, September 2003, Fertigungsverfahren – Begriffe, Einteilung
/DIN 12464/	DIN EN 12464-1 August 2011 Licht und Beleuchtung – Beleuchtung von Arbeitsstätten Teil 1: Beleuchtung in Innenräumen

/DIN 12655/	DIN EN 12665; September 2011, Licht und Beleuchtung - Grundlegende Begriffe und Kriterien für die Festlegung von Anforderungen an die Beleuchtung
/DIN 14001/	DIN EN ISO 14001; Juni 2005, Umweltmanagement- systeme - Anforderungen mit Anleitung zur Anwendung Beuth Verlag GmbH
/DIN 18599/	DIN V 18599, Februar 2012, Energetische Bewertung von Gebäuden, Beuth Verlag GmbH
/DIN 69901/	DIN 69901, Teile 1-5 : Januar 2009 Projektmanagement – Projektmanagementsysteme - Grundlagen, Prozesse, Prozessmodell, Methoden, Daten, Datenmodell, Begriffe
/EMAS/	Verordnung (EG) Nr. 1221/2009 des Europäischen Parlaments und des Rates vom 25. November 2009 über die freiwillige Teilnahme von Organisationen an einem Gemeinschaftssystem für Umweltmanagement und Umweltbetriebsprüfung und zur Aufhebung der Verordnung (EG) Nr. 761/2001, sowie der Beschlüsse der Kommission 2001/681/EG und 2006/193/EG
/FRÖ FABÖ/	Fröhlich, J.: Fabrikökologie/Entsorgungslogistik Studienbriefe 11. bis 13.; Technische Universität Dresden 2008/2008/2006
/FRÖ FP/	Fröhlich, J.: Fabrikplanung - Gesamtbetrieb Studienbrief; Technische Universität Dresden 2010
/FRÖ LG/	Fröhlich, J.: Layoutgestaltung Studienbrief; Technische Universität Dresden 2006
/FRÖ PM/	Fröhlich, J.: Projektmanagement Studienbriefe Teile 1 bis 4; Technische Universität Dresden 2010/2011

/FRMA 1994/   Fröhlich, J,; Marx, G.: Ergonomie bei der Arbeitsgestaltung. Körperabhängige Abstandsmaße und Funktionsflächen für die Arbeitsstätten- und Arbeitsplatzgestaltung, Arbeitsschutz Aktuell 5 (1994) Heft 5 S. 4 bis 8

/FRJE/   Fröhlich, J.; Jetschny, W.: Projektierungsmethodik des innovativen Fabrikplanungsprozesses. Multimediale Lernumgebung im Maschinenwesen. TU Dresden 2009

/FRKA 2008/   Fröhlich, J.; Kalusche, M.: Lifecycle Engineering im Industriebau, Abschlussbericht   Deutsche Bundesstiftung Umwelt 2008

/GEF/   Verordnung zum Schutz vor Gefahrstoffen (Gefahrstoffverordnung – GefStoffV) vom 26. November 2010 (BGBl. I S 1643) geändert durch Artikel 2 des Gesetzes vom 28. Juli 2011 (BGBl. I S 1622)

/GIE 2010/   Giesen u.a.: Anforderungen an eine energieeffiziente Beleuchtungstechnik in KMU aus Sicht des Arbeitsschutzes BGHW   Berufsgenossenschaft Handel und Warendistribution 2010

/GLI 2006/   Gutes Licht für Gewerbe, Handwerk und Industrie 5 Herausgeber: Fördergemeinschaft Gutes Licht 2005 Braunschweig, westermann druck 2006

/HOF 2006/   Hoffmann, C.: Analyse und Bewertung der Haus- und Versorgungstechnik für kleine und mittelständische Unternehmen bei Herausstellung bauwerksrelevanter Einflussgrößen. TU Dresden, Fakultät Maschinenwesen, Diplomarbeit 2006

/GRA 1991/   Grandjean, E.: Physiologische Arbeitsgestaltung, Leitfaden der Ergonomie, 4. überarbeitete und ergänzte Auflage. Ott Verlag Thun, 1991

/GÖR 2008/   Görner,B.: Beleuchtung von Arbeitsstätten – Stand der Regelsetzung, Forschung Projekt F 1988 Bundesanstalt für Arbeitsschutz und Arbeitsmedizin, Dortmund; Berlin; Dresden 2008

/GRU 2009/   Grundig, Claus- Gerold: Fabrikplanung, Carl Hanser Verlag, München; Wien, 2009

/HAB 1995/   Habermann, P.: Projektierungsrichtlinie zur Integration des Brandschutzes in den Fabrikplanungsprozess. TU Dresden, Fakultät Maschinenwesen; Diplomarbeit 1995

/HAN 2007/   Handbuch zum Genehmigungs- und Anzeigeverfahren nach dem Bundesimmissionsschutzgesetz, Landesverwaltungsamt Sachsen-Anhalt (http:// www. landesverwaltungsamt.sachsen-anhalt.de 01.09.2012)

/HAN 2008/   Formulare für die Erstellung von Antragsunterlagen in Genehmigungsverfahren und Anzeigeunterlagen bei Änderung von Anlagen nach dem Bundes-Immissions-schutzgesetz (BlmSchG) - Handlungsanleitung - http://www.umwelt.sachsen.de/umwelt/download/luft/ Handlungsanleitung_08_08.pdf (02.09.2012)

/HENM 2012/   Henn, M.: Neues aus dem AGS (Ausschuss für Gefahrstoffe) Gefahrstofftag am 27.06.2012, Bundesanstalt für Arbeitsschutz und Arbeitsmedizin, Dresden 2012

/HEN 1999/   Henn, G.: Produktionsautomatisierung im Wandel. Form Follows Flow - Industriebau und ProzessDesign. Tagungsband zum Dresdner Produktionstechnik Kolloquium „Vorsprung durch Wissen und Technik" Dresden 1999

/HEN 2012/   www.henn.de (26.10.2012)

/HER 2003/	Hernandez Morales R.: Systematik der Wandlungsfähigkeit in der Fabrikplanung. Dissertation Universität Hannover Fortschrittsberichte VDI Reihe 16 Nr. 149 VDI Verlag Düsseldorf 2003
/HES 2005/	Gutes Lichtklima – Ratgeber zur energieeffizienten Beleuchtungsmodernisierung, Hessisches Ministerium für Wirtschaft, Verkehr und Landesentwicklung 2005 (www.hessenENERGIE.de 08.08.2012)
/HOAI 2009/	Verordnung über die Honorare für Architekten und Ingenieurleistungen (Honorarordnung für Architekten und Ingenieure - HOAI) vom 11. August 2009 (BGBl. I S. 2732)
/ISO 14001/	DIN EN ISO 14001:2009 -11 Umweltmanagementsysteme – Anforderungen mit Anleitung zur Anwendung
/ISO 50001/	DIN EN ISO 50001 (12/2011) Energiemanagementsysteme – Anforderungen mit Anleitung zur Anwendung
/KAR 1989/	Karsten, G.: Industriearchitektur Phönix aus der Asche VDI-Z 131 (1989) 8, S. 12-15
/KET 1994/	Kettner, H.; Schmidt, J.; Greim, H.-R.: Leitfaden der systematischen Fabrikplanung, München, Wien: Carl Hanser Verlag 1994
/KFGV 1998 /	Koch, R.; Fröhlich, J., Geipel, T.; Völker, M.: Erkundungsforschung zu und Gestaltung von modularen, menschbezogenen und flexiblen Produktionseinheiten, Projektunterlagen „Fabrikplanung Neubaukomplex System Antriebstechnik Dresden GmbH" 1998
/KÜH 1993/	Kühnle,H.; Spengler,G.: Wege zur "Fraktalen Fabrik" io Management Zeitschrift 62 (1993) Nr. 4 S. 66 -71 Zürich: Verlag Industrielle Organisation BWI ETH Zürich

/LAN 1998/	Lander, K.-H.: Produktionsstätten, TU Dresden, Institut für Gebäudelehre und Entwerfen, Vorlesungsskript 1998
/LEITF 2012/	Gefährdungsbeurteilung am Arbeitsplatz. Ein Handlungsleitfaden, Arbeitsschutzverwaltung Nordrhein-Westfalen. Herausgeber Ministerium für Arbeit, Integration und Soziales des Landes NRW www.mais.nrw.de 26.06.2012
/LEIT 2012/	Mitplanen – Mitreden – Mitmachen Ein Leitfaden zur städtebaulichen Planung Hessisches Ministerium für Wirtschaft, Verkehr und Landesentwicklung, Wiesbaden 2012 http://www.hessen-agentur.de/mm/mm002/HMWVL_Mitmachen-Mitplanen-Mitreden_2012.pdf (03.09.2012)
/LV 2005/	LV 41 Handlungshilfe „Beleuchtung in Arbeitsstätten" Herausgeber: Länderausschuss für Arbeitsschutz und Sicherheitstechnik (LASI) 2005
/MEG 2007/	Methodik zur Ermittlung, Beurteilung und Optimierung des Elektrizitätsbedarfs von Gebäuden (MEG), Abschlussbericht 2007, Deutsche Bundesstiftung Umwelt (DBU) (www.dbu.de/projekt_17923/_dB_799.html
/MEN 2007/	Mendil, M.: Analyse und Auswahl flussbezogener Gestaltungslösungen zur Anforderungsbeschreibung für Industriebauwerke und für die Layoutgestaltung am Betriebsstandort, Diplomarbeit, TU Dresden 2007
/NEU 2009/	Neufert, E. u.a.: Bauentwurfslehre, Verlag Vieweg & Teubner 2009
/NYH 2008/	Peter Nyhuis, Rouven Nickel, Knut Tullius (Hrsg): Globales Varianten Produktionssystem - Globalisierung mit System, Verlag: PZH Produktionstechnisches Zentrum

	GmbH Göttingen 2008 (siehe dazu auch BMBF-Projekt „Globales Varianten-Produktionssystem GVP: www.gvp-Projekt.de)
/RAUG 2009/	Raumordnungsgesetz vom 22. Dezember 2008 (BGBl. I S. 2986), das zuletzt durch Artikel 9 des Gesetzes vom 31. Juli 2009 (BGBl. I S. 2585) geändert worden ist
/REFA 2012/	http://www.f08.fhkoeln.de/imperia/md/content/personen/ professoren/abels_helmut/downloads/diplom/vorlesung_pps _134_datenverwaltung_arbeitsplanverwaltung.pdf (26.10.2012)
/ROC 1982/	Rockstroh, W.: Die Technologische Betriebsprojektierung, Band 1 bis 4, Berlin, Verlag Technik 1982
/ROC 1976/	Rockstroh, W.: Betriebsgestaltung in der Holzindustrie Leipzig; Fachbuchverlag Leipzig; 1976
/ROG/	Raumordnungsgesetz vom 22. Dezember 2008 (BGBl. I S. 2986), das zuletzt durch Artikel 9 des Gesetzes vom 31. Juli 2009 (BGBl. I S. 2585) geändert worden ist
/RÖL 1990/	Röllig, J.: Entwicklung ergonomischer Grundlagen und Instrumentarien zur rechnerunterstützten Arbeitsplatzgestaltung, Dissertation A, TU Dresden 1990
/SCHM 1970/	Schmigalla, H.: Methoden zur optimalen Maschinenanordnung, Berlin: Verlag Technik 1970
/SCHM 1995/	Schmigalla, H.: Fabrikplanung - Begriffe und Zusammenhänge, REFA-Fachbuchreihe Betriebsorganisation, München, Wien: Carl Hanser Verlag 1995
/SOM 1990/	Sommer,D. u.a.: Der Mensch im Mittelpunkt - Zukunftsaspekte für den Industriebau; Industriebau 1/90
/SOM 1991/	Sommer, D.: Industriebau: Europa - Japan – USA Praxisreport. Basel, Berlin, Boston: Birkhäuser 1991

/SCHE 2009/   Nyhuis, P.; Hirsch, B.; Klemke, T.; Wulf, S. (2009): Bewertung und Auswahl digitaler Werkzeuge in der Fabrikplanung , In: Schenk, M. (Hrsg.): Digital Engineering - Herausforderung für die Arbeits - und Betriebsorganisation, Schriftenreihe der Hochschulgruppe für Arbeits- und Betriebsorganisation e.V.; GITO-Verlag, Berlin, 2009, S. 127 bis 150

/SCHU 2012/   Schuh, G.: Vorlesungsreihe Fabrikplanung, RWTH Aachen / Werkzeugmaschinenlabor; http://www.wzl.rwth-aachen.de (26.10.2012)

/SIE 2007/   Energieeffizienz – mehr mit weniger erreichen / Hrsg.: Siemens AG. – Oktober 2006. – 32 S. http://w4.siemens.de/siemensforum/sf_erlangen/sothe07_u mwelt/pdf/Gasturbinen_Effizienz.pdf, Stand 28.11.2007

/SOY/   Soystmeyer, G.: Natürliche und Künstliche Beleuchtung von Arbeitsstätten
BGR 131-1 (Teil 1 -Handlungshilfe für den Unternehmer)
BGR 131-2 (Teil 2 – Leitfaden zur Planung und zum Betrieb der Beleuchtung) www.dguv.de/inhalt/praeventio/themena-z/arbeitsstätten/fachveranstaltung2007/9_BGR_131_Soyst meyer.pdf 18.02.2011

/UVPG/   Gesetz über die Umweltverträglichkeitsprüfung (UVPG) vom 12.02.1990; BGBl. I, S. 94, zuletzt geändert 17.08.2012

/VBG 125/   UVV VBG 125 Sicherheits- und Gesundheitsschutz-kennzeichnung am Arbeitsplatz und Durchführungsanwei-sungen vom 1.4.1995

/VDI 2498/   Vorgehen bei der Materialflussplanung – Grundlagen, Blatt 1, April 2008 (Entwurf), Berlin, Beuth Verlag GmbH

/VDI 2689/	Leitfaden für Materialflussuntersuchungen, April 2008 (Entwurf), Berlin, Beuth Verlag GmbH
/VDI 2815/	VDI 2815 Begriffe für die Produktionsplanung und – steuerung; Betriebsmittel, 1978, Berlin, Beuth Verlag GmbH
/VDI 2860/	Montage- und Handhabungstechnik; Handhabungsfunktionen, Handhabungseinrichtungen; Begriffe, Definitionen, Symbole Mai 1990, Berlin, Beuth Verlag GmbH
/VDI 3330/	Kosten des Materialflusses, Juni 2007, Berlin, Beuth Verlag GmbH
/VDI 3633/	VDI 3633, Blatt 1 Simulation von Logistik-, Materialfluß- und Produktionssystemen; Grundlagen, März 2000 Entwurf
/VDI 3644/	Analyse und Planung von Betriebsflächen. Grundlagen, Anwendung und Beispiele; August 1991,
/VDI 4455/	Entscheidungskriterien für die Auswahl eines Fördersystems April 2006 (Entwurf), Berlin, Beuth Verlag GmbH
/VDI 4499/	Digitale Fabrik – Grundlagen, Mai 2006 (Entwurf), Berlin, Beuth Verlag GmbH
/VDI 5200/	VDI 5200 (Januar 2009), Fabrikplanung / Planungs- vorgehen Blatt 1 (Entwurf), Berlin, Beuth Verlag GmbH
/WAR 1992/	Warnecke. H.-J.: "Die Fraktale Fabrik" Revolution der Springer-Verlag Berlin Heidelberg 1992
/WAL 2005/	Waller, G.: Beleuchtungstechnik Fachhochschule Kiel, Fachbereich Informatik und Elektrotechnik Vorlesungsmanuskript 2005

/WEI 2002/	Weißgerber, B.: Sicher gestaltet - Innerbetriebliche Verkehrswege, Bundesanstalt für Arbeitsschutz und Arbeitsmedizin, Dortmund 2002
/WIE 2005/	Wiendahl, H.-P. u.a.: Planung modularer Fabriken Vorgehen und Beispiele aus der Praxis, Carl Hanser Verlag München, Wien 2005
/WIL 2012/	Weiterentwicklung des Einfachen Maßnahmenkonzeptes Gefahrstoffe, Gefahrstofftag am 27.06.2012, Bundesanstalt für Arbeitsschutz und Arbeitsmedizin, Dresden 2012
/ZÜR 2012/	Technische Richtlinie 233 „Beleuchtung" ,Baudirektion Kanton Zürich, Hochbauamt Gebäudetechnik, Bauten und Räume / Gebäudetechnik, Zürich 2012
/ZVEI 2005/	ZVEI-Leitfaden zur DIN EN 12464-1 „Beleuchtung in Arbeitsstätten"; Teil 1: Arbeitsstätten in Innenräumen

Abbildungsverzeichnis

Tabellenverzeichnis

Bisher erschienene Bände der Reihe

Grundwissen für Holzingenieure

ISSN 2193-939X

Alle erschienenen Bücher können unter der angegebenen ISBN-Nummer direkt online (http://www.logos-verlag.de) oder per Fax (030 - 42 85 10 92) beim Logos Verlag Berlin bestellt werden.